Zucker- und Futterrüben

Diagnose von
Krankheiten und Beschädigungen
an Kulturpflanzen

Akademie der Landwirtschaftswissenschaften
der Deutschen Demokratischen Republik
Institut für Phytopathologie Aschersleben

Zucker- und Futterrüben

Prof. Dr. Dr. h. c. Dieter Spaar
Prof. Dr. sc. Helmut Kleinhempel
Prof. Dr. sc. Rolf Fritzsche

Mit 44 Farbtafeln sowie 14 Zeichnungen,
gestaltet von Horst Thiele, Aschersleben

Springer-Verlag
Berlin Heidelberg New York London Paris Tokyo

Unter Mitarbeit von:

Prof. Dr. sc. R. Fritzsche (Koordination, Bestimmungstabellen,
abiotische Schäden, tierische Schädlinge)
Prof. Dr. sc. H. Kleinhempel (Rizomania, Bakteriosen)
Dr. sc. G. Proeseler (Virosen)
Dr. J. Pelcz (Mykosen)
Institut für Phytopathologie Aschersleben
der Akademie der Landwirtschaftswissenschaften der DDR

Dr. W. Wrazidlo (Ernährungsstörungen)
Institut für Pflanzenernährung Jena
der Akademie der Landwirtschaftswissenschaften der DDR

Prof. Dr. sc. H. Decker (Nematoden)
Wilhelm-Pieck-Universität Rostock,
Sektion Meliorationswesen und Pflanzenproduktion,
Wissenschaftsbereich Phytopathologie und Pflanzenschutz

Vertriebsrechte für die nichtsozialistischen Länder
Springer-Verlag Berlin Heidelberg New York London Paris Tokyo

ISBN-13: 978-3-642-72800-6   e-ISBN-13: 978-3-642-72799-3
DOI: 10.1007/978-3-642-72799-3

Lektor: K. Rohloff
Graphische Gestaltung: Sieghard Hawemann
Reproduktion: Ostsee-Druck Rostock
Gesamtherstellung: IV/10/5 Druckhaus Freiheit Halle
2131/3140-543210

Vorwort

Dem integrierten Pflanzenschutz kommt bei der Steigerung und Sicherung der Erträge in der Pflanzenproduktion eine hervorragende Bedeutung zu. Er trägt im Komplex aller akker- und pflanzenbaulichen Maßnahmen wesentlich zur Sicherung der Versorgung der Bevölkerung mit hochwertigen Nahrungsgütern und der Industrie mit Rohstoffen aus der landwirtschaftlichen und gärtnerischen Produktion bei. Das Ziel des Pflanzenschutzes ist die Senkung der durch Krankheitserreger, tierische Schädlinge und andere Ursachen hervorgerufenen Ertrags- und Qualitätsminderungen auf ein wirtschaftlich vertretbares Maß mit Hilfe der zur Verfügung stehenden und ökonomisch vertretbaren Maßnahmen und Möglichkeiten. Grundlage der dabei zu treffenden Entscheidungen ist das rechtzeitige und sichere Erkennen der Schaderreger bzw. der Ursachen von Beschädigungen. Dabei eine entsprechende Anleitung zu geben, ist das Ziel einer mehrbändigen und nach Kulturarten geordneten Buchreihe. Sie ist als Arbeitsmaterial für die Pflanzenschutzspezialisten in den landwirtschaftlichen und gärtnerischen Betrieben, den Einrichtungen des wissenschaftlichen und praktischen Pflanzenschutzes sowie für die Aus- und Weiterbildung gedacht.

In dieser Buchreihe liegt nunmehr der Band „Zucker- und Futterrüben" vor, wobei wir uns im wesentlichen auf die in Mitteleuropa vorkommenden Schaderreger beschränken.

Für die Diagnose der behandelten Erreger von Krankheiten bzw. Ursachen von Beschädigungen an Zucker- und Futterrüben verweisen wir gleichzeitig auf den am Anfang der Buchreihe stehenden und bereits erschienenen Band „Diagnosemethoden".

Darin werden die in allen Spezialbänden erforderlichen Arbeitsmethoden beschrieben und dargestellt. Diese Darstellung beschränkt sich im wesentlichen auf solche Methoden, die unter Praxisbedingungen bzw. in Pflanzenschutzdienststellen anwendbar sind. In wenigen Fällen werden Spezialmethoden einbezogen. Dies betrifft vor allem spezifische serologische Methoden, die in den kommenden Jahren auch in der Pflanzenschutzpraxis in zunehmendem Maße zur Anwendung kommen werden. Entsprechende Verweise finden sich in dem vorliegenden Band. Auf die Einbeziehung elektronenoptischer Diagnosemethoden sowie die DNA-Sondentechnik wurde verzichtet.

Wie in allen Bänden der Buchreihe bildet eine Bestimmungstabelle die Grundlage für die Diagnose der Schaderreger bzw. Schadursachen. Sie verweist auf deren Darstellung auf einer Bildtafel sowie auf beschreibenden Text vor dieser Bildtafel. Bei einigen Schaderregern wird für die sichere Artdiagnose ausdrücklich auf den Rat eines Spezialisten bzw. die Benutzung von Spezialliteratur verwiesen. Dies betrifft vor allem taxonomisch schwierige Gruppen der pflanzenpathogenen Pilze, Nematoden, pflanzenschädigende Milben- und Insektenarten. An den Pflanzen vorkommende, jedoch nicht schädigende Arten können mit den vorliegenden Materialien nicht bestimmt werden.

Bei der Auswahl der aufzunehmenden Schadensursachen bzw. Schaderreger wurden, der Zielstellung der gesamten Buchreihe gemäß, in erster Linie diejenigen berücksichtigt, die wirtschaftlich von Bedeutung sind bzw. wirtschaftliche Bedeutung im mitteleuropäischen Raum erlangen können. Hinsichtlich unbedeutender Gelegenheitsschaderreger und deren Determination wird am Schluß des Bandes auf weiterführende Literatur verwiesen. Derartige Schaderreger wurden in den Bestimmungstabellen sowie im beschreibenden Text bei wirtschaftlich bedeutsamen verwandten oder ähnlich schädigenden Arten namentlich genannt, ohne jedoch nähere Bestimmungsmerkmale anzugeben. Dies hätte den zur Verfügung stehenden Platz erheblich überschritten.

Da bestimmte Schaderreger in verschiedenen Wachstumsstadien der Pflanzen auftreten, wird in der Regel der betreffende Schaderreger in der Bestimmungstabelle sowie auf den Bildtafeln nur in den Wachstumsstadien aufgenommen, in welchen er von besonderem diagnostischem Interesse ist, besonders als Grundlage für einzuleitende Vorbeugungs-, Bekämpfungs- bzw. Hygienemaßnahmen. Die wissenschaftlichen Namen der Schaderreger wurden der im Literaturverzeichnis enthaltenen Standardliteratur entnommen. Synonyme wurden nur in solchen Fällen aufgenommen, in denen sowohl die zur Zeit gültige Bezeichnung als auch die Synonyme in der dem Benutzerkreis verfügbaren Literatur gebräuchlich sind. Im Interesse des zur Verfügung stehenden Platzes war diese Beschränkung notwendig. Im Hinblick auf die Zielstellung der vorliegenden Buchreihe sowie den Benutzerkreis möchten wir betonen, daß bezüglich der Verwendung der wissenschaftlichen Bezeichungen keine Stellungnahme zu bestehenden oder ungeklärten Nomenklaturfragen gegeben wird.

Die bei der Anfertigung der Bestimmungstabellen des vorliegenden Bandes benutzte Literatur ist im Literaturverzeichnis ausgewiesen, ebenso die Literatur, welche zu Vergleichszwecken für die Anfertigung der Bildtafeln auf der Grundlage des von den einzelnen Mitarbeitern zur Verfügung gestellten Materials verwendet wurde.

Im beschreibenden Text bzw. im Bildtafelteil wird für eine schnelle Orientierung auf einzelne Schaderregergruppen am oberen Seitenrand verwiesen. Eine weitere Orientierungshilfe sind die Register der gebräuchlichen deutschen sowie der wissenschaftlichen Bezeichnungen der Schaderreger bzw. Schadursachen. Wie in allen Bänden der Buchreihe zeichnen auch in dem vorliegenden Band mehrere Fachwissenschaftler für bestimmte Textteile, Schadursachenkomplexe bzw. einzelne Schaderreger verantwortlich, die mit den von ihnen bearbeiteten Gebieten einleitend ausgewiesen werden.

Die Aquarelltafeln sowie die Schwarz-Weiß-Zeichnungen wurden wie in allen kulturpflanzenspezifischen Bänden in der Regel nach Originalvorlagen der Autoren und unter Benutzung von Vergleichsmaterial durch Herrn Horst Thiele, Aschersleben, angefertigt.

Wir geben der Hoffnung Ausdruck, daß auch mit dem vorliegenden Band „Zucker- und Futterrüben" der Buchreihe „Diagnose von Krankheiten und Beschädigungen an Kulturpflanzen" zur Lösung der vor dem Pflanzenschutz stehenden Aufgaben beigetragen wird. Besonderer Dank gebührt dem Verlag, der unserem Vorhaben von der Konzipierung an bis zur endgültigen Gestaltung jede Unterstützung gewährt und mit uns gemeinsam darum bemüht ist, den Anforderungen aller Interessenten gerecht zu werden. Für jede Anregung und fördernde Kritik werden wir stets dankbar sein.

D. Spaar, H. Kleinhempel, R. Fritzsche

Inhaltsübersicht

Bestimmungstabellen

Krankheiten und Beschädigungen an Zucker- und Futterrüben

Für die Diagnose der Ursachen von Krankheiten und Beschädigungen an Zucker- und Futterrüben ist besonders zu beachten, daß zahlreiche Schadursachen ähnliche, zum Teil sogar identische Symptome zur Folge haben, zumindest in bestimmten Entwicklungsstadien der Pflanzen. Vielfach wird die Diagnose auch dadurch erschwert, daß verschiedene Krankheiten und Beschädigungen an den Pflanzen im Komplex auftreten können. Hierdurch kommt es zu gemischten bzw. interferierenden oder sich gegenseitig verstärkenden Krankheitsbildern. Für die Differentialdiagnose sind deshalb die zur Verfügung stehenden diagnostischen Möglichkeiten komplex zu nutzen.

I. Krankheiten und Beschädigungen nach der Aussaat bis unmittelbar vor dem Auflaufen

SAMEN KEIMEN NICHT, ÄUSSERE BESCHÄDIGUNGEN NICHT ERKENNBAR, FEHLSTELLEN IM BESTAND

– Die Erscheinung ist mehr oder weniger gleichmäßig über den gesamten Bestand verbreitet.

– Die Erscheinung ist auf mehr oder weniger begrenzte Flächen in einem Bestand beschränkt.

– Samen sind aus dem Boden gescharrt, Scharrspuren erkennbar.

Vögel

NICHT GEKEIMTE SAMEN AN- ODER AUSGEFRESSEN, FEHLSTELLEN IM BESTAND

– In den Samenknäueln fressen an den Samen mehrere etwa 1 bis 2 mm lange, verschieden gefärbte, springende Insekten.

– Im Boden im Bereich der ausgefressenen Samenkapseln

SAMEN GEKEIMT, KEIMLINGE ERREICHEN NICHT DIE BODENOBERFLÄCHE, FEHLSTELLEN IM BESTAND, WELKEN, ABSTERBEN

– Keimlinge unter der Erde verwelkt, sterben ab, pilzliche Krankheitserreger nicht nachweisbar.

– Lückenhaftes Auflaufen von Rübenbeständen kann mitunter zurückgeführt werden auf

VERFÄRBUNGEN, FÄULEN

- Keimlinge braun oder schwarz verfärbt, faulen.

MISSBILDUNGEN

- Keimlinge verdreht und verdickt, im Gewebeinneren 1 bis 1,5 mm lange Fadenwürmer mit geknöpftem Mundstachel.

FRASSSCHÄDEN

- Keimlinge an- oder abgefressen, in ihrem Bereich mehrere etwa 1 bis 2 mm lange, verschieden gefärbte, springende Insekten.

- Keimlinge zerfressen durch

- An den Keimlingen fressen etwa 1,0 bis 1,75 mm lange, braune, schlanke Käfer.

- Gekeimte Pflanzen aus dem Boden gescharrt, Scharrspuren erkennbar.

Vögel

II. Krankheiten und Beschädigungen an Jungpflanzen (etwa bis Mitte Juni)

Da die Symptome für die Ernährungsstörungen in der Regel erst in einem späteren Entwicklungsstadium der Beta-Rübenpflanzen auftreten, werden sie in der vorliegenden Bestimmungstabelle von Abschnitt III an eingeordnet. Bei evtl. Auftreten im Jungpflanzenstadium: siehe unter diesem Abschnitt.

WACHSTUMSHEMMUNGEN

- Die Jungpflanzen des gesamten Bestandes oder mehr oder weniger großer, fast gleichmäßig über den Bestand verteilter Flächen sind im Wachstum gehemmt bzw. bleiben gegenüber vergleichbaren Flächen in der Entwicklung zurück. An den Blättern vielfach Verfärbungen (siehe hierzu Abschnitt „Verfärbungen, Fleckenbildungen, Fäulen an Blättern und Stengeln").

- Die Jungpflanzen im Bestand bleiben auf mehr oder weniger großen, abgegrenzten Flächen, zum Teil nesterweise, im Wachstum zurück.

WELKEN, UMFALLEN
Siehe auch „Fraßschäden an Blättern und Stengeln"

- Junge Pflanzen mehr oder weniger gleichmäßig nach einer Seite geneigt, umgefallen, zum Teil abgerissen. Am Wurzelhals der Pflanzen einheitlich an einer Seite verbräunte Anschlagstellen.

- In den frühen Morgenstunden noch voll turgeszente Jungpflanzen welken und fallen im Laufe des Tages bei anhaltend warmem und trockenem Wetter um.

- Etwa bis zum 4-Blattstadium fallen Pflanzen um, deren Hypokotyl eingeschnürt ist, pilzliche Krankheitserreger nicht nachweisbar.

- Keimpflanzen bis zur Ausbildung der ersten Laubblätter fallen um und sterben ab, keine Fraßbeschädigungen erkennbar, Hauptwurzel und Stengel eingeschnürt, dunkel.

VERFÄRBUNGEN, FLECKEN-
BILDUNGEN,
FÄULEN AN BLÄTTERN UND STENGELN

- An einzelnen Pflanzen im Bestand Aufhellung des Blattgrüns und deutliche Adernvergilbung.

– Über den gesamten Bestand verteilte Pflanzen mit Adern- oder fleckenartiger Blattspreitenvergilbung.
Schäden nach nicht sachgerechter **Anwendung von Mineralölen** zur Vektorenbekämpfung **2**

– Mehr oder weniger starke und ausgebreitete, fleckenartige Grau- bis Braunfärbungen und Nekrosen auf der Blattspreite im Abdriftbereich von Herbizidanwendungen auf benachbarten Flächen.
Herbizidschaden **1**

– Junge Blätter fahlgrün oder fahlgrün-fleckig. Gesamte Blattspreite kann gleichmäßig gelbgrün erscheinen. Schadbild meist streifenweise im Bestand oder besonders auf Vorgewenden.
Nachwirkung von Bodenherbiziden, angewandt zu Vorkulturen **3**

– Pflanzen meist über den gesamten Bestand verteilt fahlgrün, Ränder rollen sich vielfach, später vollständiges Vergilben der Blätter.
Bodensäure **4**

– In Bodensenken, aber auch großflächig nach langanhaltenden Niederschlägen mit Überschwemmungen vergilben die Blätter der im Wachstum zurückbleibenden Jungpflanzen.
Stauende Nässe **4**

– Nach Temperaturen unter minus 4 °C Schlaffwerden der ersten Laubblätter bzw. Dunkel- bis Schwarzverfärbung der Keimblätter bzw. der Ränder der ersten Laubblätter. Betroffene Gewebeteile werden trocken, brechen ab.
Frostschaden **6**

– Flächenweise oder lokal begrenzt, auch in der Nähe von Industrieanlagen, unregelmäßige, mehr oder weniger umfangreiche Aufhellungen auf der Blattspreite, gefolgt von Nekrosen, blaßgrün bis dunkelgrün verfärbt, später Absterben der Blätter.
Verbrennungen, Verätzungen, Rauchgasschaden **4**

– Unterer Stengelteil der Keimpflanzen oder Jungpflanzen braun oder schwarz verfärbt, Hauptwurzel und Stengel eingeschnürt, keine Fraßbeschädigungen, Pflanzen fallen um.
Wurzelbrand (Schwarzbeinigkeit, Umfallkrankheit), verursacht durch verschiedene pilzliche Krankheitserreger **24**

– Erste Laubblätter zunächst fleckenweise hellgrün verfärbt, leicht verdickt. Auf Blattunterseite, später auch auf Blattoberseite schmutziggrauer bis grauvioletter Pilzbelag.
Falscher Mehltau (*Peronospora farinosa* [Fr.] Fr. f. sp. *betae* Bydford) **25**

WUCHSDEFORMATIONEN, MISSBILDUNGEN

– Das Hypokotyl der Pflanzen etwa bis zum 4-Blattstadium ist eingeschnürt (Halsabschnürung).
Gewebe ober- und unterhalb dieser ring- oder schwach bandförmigen Einengung wächst weiter, dadurch entsteht ein dünner Strang von Gefäßgewebe. Pflanzen fallen um. Pilzliche Krankheitserreger nicht nachweisbar.
Nichtparasitäre Umfallkrankheit **2**

– Hauptwurzel und Stengel der Keim- und Jungpflanzen fast auf der gesamten Länge oder nur in bestimmten Abschnitten lang und dünn eingeschnürt, dunkelbraun bis schwarz verfärbt. Pflanzen fallen um.
Wurzelbrand (Schwarzbeinigkeit, Umfallkrankheit), verursacht durch verschiedene pilzliche Krankheitserreger **24**

– Blätter, mitunter auch die Vegetationspunkte unterschiedlich deformiert, Blattspreiten unregelmäßig gewellt, eingerollt.
Schaden durch Wuchsstoffherbizide **2**

– Bei Jungpflanzen Herzblätter deformiert, gestaucht, bleiben stecken, an den Blattansatzstellen Gewebe verdickt, im Gewebeinneren 1 bis 1,5 mm lange Fadenwürmer mit geknöpftem Mundstachel.
Stengelälchen (Stockälchen) (*Ditylenchus dipsaci* [Kühn] Filipjev) **33**

FRASSSCHÄDEN AN BLÄTTERN UND STENGELN

– Besonders in feuchten Lagen fressen kleine, etwa 1 bis 2 mm lange, verschieden gefärbte, ungeflügelte und springende Insekten an den Keimblättern und ersten Laubblättern sowie am Stengel der Keimpflanzen.
Springschwänze (Collembolen) **39**

– Kleine, 1,0 bis 1,75 mm lange, braune, schlanke Käfer fressen in der Nähe des Wurzelhalses Löcher in die jungen Stengel, Pflanzen fallen um, mitunter an den Keimblättern Loch- und Schabefraß.

– An den Blättern Fenster- und Lochfraß, bei starkem Befall Kahlfraß durch etwa 1,5 bis 2,6 mm lange, bronze-, kupferfarbige oder metallisch grüne bis braune, glänzende und springende Käfer.

– An den Keimblättern und ersten Laubblättern buchtenförmiger Blattrandfraß. Keimpflanzen können vollständig abgefressen werden, bei starkem Befall werden auch die ersten Laubblätter kahlgefressen bis auf die Blattrippen durch verschiedene Rüsselkäfer-Arten, vor allem

– Zunächst Schabe- und Fensterfraß auf den Blattspreiten, später ausgeprägter Lochfraß, wobei bei starkem Befall nur noch die Blattrippen übrigbleiben, auf den Blättern mattschwarze, etwa 11 bis 13 mm lange, asselförmige Larven. Die etwa 9 bis 15 mm langen, dunkelbraunen bis schwarzen Käfer lassen sich bei Annäherung leicht zu Boden fallen.

– Ausgehend von feinem Lochfraß werden die Blattspreiten von 4 bis 9 mm langen, bedornten, grünen bis gelbgrünen, ovalen Larven sowie 4 bis 7 mm langen, ovalen, braungelben, rostroten oder gelbbraunen Käfern, zum Teil mit grünsilberiger Längsbinde befressen und bei starkem Befall später skelettiert.

– An den unteren Blättern in Bodennähe fressen erdfarbene, graue oder graugrüne Schmetterlingslarven.

– Zuerst Blattrand- und Lochfraß, später mitunter Skelettierfraß, wird verursacht durch die Larven von

ferner durch die grünlich-schwärzlichen, etwa 20 mm langen Larven des **Rübenzünslers (Wiesenzünslers)** (*Loxostege* [*Pyrausta*] *sticticalis* [L.]) . **42**

– Loch- und Skelettierfraß verursacht durch **Ohrwurm** (*Forficula auricularia* L.)

– An den Blattspreiten, vor allem an Pflanzen auf feuchten Standorten, unregelmäßig geformte Fraßstellen mit Schleimspuren.

– In den Blättern zunächst Gangminen, die sich später zu großen, unregelmäßig geformten Platzminen ausweiten. Epidermis des Blattes läßt sich im Bereich der Platzmine leicht entfernen, darunter weißlich-gelbe bis grünliche, etwa 8 mm lange Fliegenlarve.

– Im Blattinneren etwa 0,5 mm breite, geschlängelte Gangmine, die sich zu einer etwa 2 bis 3 cm großen Platzmine ausweitet, darin etwa 3 mm lange, gelbe Fliegenlarve.

– Gang- und Platzminen in Blattspreite und Blattstiel sowie zusammengesponnene Blätter, in denen bis 13 mm lang werdende, graugrüne Larven fressen.

– Keimpflanzen und Jungpflanzen mehr oder weniger nesterweise völlig abgebissen. Es entstehen im Bestand Kahlstellen, vielfach in der Nähe von Gehölzen, aber auch im Bestandesinneren.

Kaninchen, Hasen, Rehe

– Pflanzen im Umkreis um aufgewühlte Erdlöcher abgefressen.

Hamster

SAUGSCHÄDEN AN DEN BLÄTTERN

– An den Blättern von Pflanzen in der Nachbarschaft von Luzerne- oder Kleebeständen kleine, helle Flecke, die sich später hellgrau, graubraun oder gelblichbraun verfärben. Sie können vorzeitig absterben. An den befallenen Pflanzenteilen, vor allem auf der Blattunterseite, verschieden gefärbte, etwa 0,3 bis 0,5 mm lange Milben, zum Teil in lockerem Gespinst, daneben Eier und Larven.

– Zunächst unregelmäßig große, gelblichweiße Saugflecke auf den Blattspreiten. Sie verfärben sich später bräunlich, besonders an den Blatträndern und -spitzen. Oberhalb der Einstichstellen Vergilbung.

– An den Blättern saugen einzelne, grüne bis gelbgrüne, geflügelte und ungeflügelte, etwa 2,0 mm lange Blattläuse, mitunter in kleinen Kolonien.

– An den Blättern saugen in Kolonien lebende, schwarze, geflügelte und ungeflügelte Blattläuse, vor allem an den Herzblättern sowie auf der Blattunterseite. Befallene Blätter oft gekräuselt, die Blattränder eingerollt.

– In geschützten Lagen, vor allem in der Nähe von Gewächshäusern saugen an der Blattunterseite ovale, hellgrüne, etwa 0,8 mm lange und 0,5 mm breite, beborstete Larven sowie weiß bepuderte, etwa 1,5 mm lange, leicht abfliegende Mottenschildläuse.

FRASSSCHÄDEN AN HAUPT- UND SEITENWURZELN

– Pflanzen welken und sterben ab, vielfach reihenweise, Hauptwurzel sowie die Seitenwurzeln an- oder durchgefressen. Im Bereich der betroffenen Pflanzen im Boden

– Pflanzen welken und sterben ab, Haupt- und Seitenwurzeln an- oder durchgenagt. Im Bereich der geschädigten Pflanzen Gänge im Boden, darin 3 bis 5 cm lange, braune Insekten.

(Vordertarsen sind zu Grabfüßen umgebildet, Eiablage in ein Erdnest bis zu 20 cm tief im Boden).

SAUGSCHÄDEN AN DEN WURZELN

– An nesterweise im Bestand zurückbleibenden, im Wuchs gehemmten Pflanzen ist die Seitenwurzelbildung stark reduziert. An den Wurzelansatzstellen Verbräunungen und zum Teil geringfügige Verdickungen.

III. Krankheiten und Beschädigungen an älteren Pflanzen sowie Samenträgern

NICHTPARASITÄRE BLATT- UND TRIEBBESCHÄDIGUNGEN, SCHOSSERBILDUNG

– Blätter von Rübenpflanzen sowie Triebe von Samenträgern abgebrochen. Geschädigte Pflanzenteile sterben ab. Blätter auch zum Teil umgeknickt, Blattspreiten zerrissen, verbräunen bzw. vertrocknen an den Rißstellen. Geschädigte Pflanzenteile vielfach mehr oder weniger einheitlich im Bestand nach einer Seite geneigt. Krankheitserreger und tierische Schädlinge nicht nachweisbar.

– Die Blätter nahezu aller Pflanzen eines Bestandes durchlöchert, zerrissen, abgeknickt oder abgeschlagen, die Triebe von Samenträgern umgebrochen, mit deutlichen Anschlagstellen, nahezu einheitlich von einer Seite her.

Hagelschaden 5

– Im Rübenbestand mehr oder weniger kreisrunde Fehlstellen mit einem Durchmesser von etwa 3 bis 15 m. Darin meist alle Pflanzen abgestorben oder einzelne überlebende Pflanzen, welche kümmern und zum Teil vergilben. Keine Krankheitserreger sowie tierische Schädlinge oder negative Bodeneinflüsse nachweisbar.

Blitzschaden 3

– Weitere nichtparasitäre Blatt- und Triebbeschädigungen werden nachfolgend unter den hierfür charakteristischen Symptomen behandelt.

– Bereits im Ansaatjahr von Fabrikrüben treiben die Pflanzen, mehr oder weniger zahlreich im Bestand, blühende Triebe.

Schosserbildung 5

WACHSTUMSHEMMUNGEN

– Die Pflanzen des gesamten Bestandes oder mehr oder weniger großer, fast gleichmäßig über den Bestand verteilter Flächen, vielfach streifenweise, sind im Wachstum gehemmt, bzw. bleiben gegenüber vergleichbaren Flächen in der Entwicklung zurück. An den Blättern vielfach Verfärbungen (siehe hierzu Abschnitt „Mehr oder weniger umfangreiche Vergilbungen und andere Verfärbungen, Absterbeerscheinungen und Fäulen ...").

Herbizidschaden 1
Nachwirkung von Bodenherbiziden, angewandt zu Vorkulturen 3
Ungünstige Bodenstruktur, vergleiche: 4, 6

– Pflanzen im Bestand bleiben auf mehr oder weniger großen, abgegrenzten Flächen, zum Teil nesterweise, im Wachstum zurück.

Mietenplätze, Strohdiemenplätze u. a. wurden in den Rübenbestand einbezogen 3
Stauende Nässe 4

– Meist alle Pflanzen des Bestandes, zum Teil aber auch streifenweise im Bestand, sind im Wachstum gehemmt, ihre Blätter vergilben von der Spitze oder den Rändern her und sterben unter Braunverfärbung ab. Krankheitserreger nicht nachweisbar.

Trockenheitsschaden 5

– Pflanzen des gesamten Bestandes oder mehr oder weniger großer Bestandesteile bleiben im Wachstum zurück, Blätter anfangs fahlgrün, rollen sich zum Teil von den Rändern her ein, werden später vollständig gelb.

Bodensäure 4

– Die Pflanzen eines Bestandes bleiben nahezu gleichmäßig, mitunter auch fleckenweise, gegenüber anderen Rübenbeständen mit vergleichbaren Anbaubedingungen im Wachstum zurück. Blattspreiten kleiner und vielfach schmaler. Blattfarbe hellgrün, blaßgrün bis gelbgrün.

Stickstoff-Mangel 7

– Pflanzen von im Wachstum zurückbleibenden Rübenbeständen zeigen eine typische Starrtracht der Blätter. Sie sind steil aufgerichtet, Blattspreiten kleiner und schmaler als die normaler Rübenpflanzen. Blattfarbe blaßgrün bis schmutzig-grün, Blattränder mit purpurnen bis dunkelbraunen Randnekrosen.

Phosphor-Mangel 8

– Wachstumshemmungen verursachen ferner:

Cadmium-Überschuß 10
Eisen-Überschuß 12
Kupfer-Überschuß 14
Zink-Überschuß 14

– Blätter verwelken ab Mitte Juni, verfärben sich gelb, später grau bis braun und liegen um die Pflanze herum auf dem Boden. Rübenkörper mit trockenfaulen Stellen.

Rhizoctonia-**Trockenfäule** (*Rhizoctonia solani* Kühn) 30

– Pflanzen nesterweise im Bestand im Wachstum gehemmt, Blätter welken bei warmem und trockenem Wetter, Rübenkörper an verschiedenen Stellen mit vielen, stark verzweigten Wurzeln („bärtig"), an denen sich etwa 1 mm lange und 0,7 mm dicke, weiße, gelbliche bis braune, zitronenförmige Zysten befinden.

Rübenzystenälchen (*Heterodera schachtii* Schmidt) 32

– Pflanzen bleiben nesterweise im Wachstum zurück. An den Wurzeln Gallen von unregelmäßiger Gestalt, rundlich bis spindelförmig. An ausgewachsenen Rüben stark angeschwollene Seitenwurzeln.

WELKEN

– In den frühen Morgenstunden noch voll turgeszente Pflanzen, meist des gesamten Bestandes, welken im Laufe des Tages bei anhaltend warmem und trockenem Wetter.

– Pflanzen mit kleinen und schmalen Blattspreiten sowie hellgrüner bis blaßgrüner, später gelblicher Blattfarbe verwelken und vertrocknen schließlich. Übrige Blätter der Pflanze zeigen Starrtracht.

– Pflanzen welken bei trockenem Wetter, Blattstiele werden schlaff. Die Blätter selbst sind metallisch dunkelgrün, zum Teil mit purpurnem Anflug, Blattränder gekräuselt und nach oben eingerollt. Dunkelbraune Nekrosen an den Blatträndern.

– Nesterweises Welken der Pflanzen in der Mittagshitze kann ein Hinweis sein für das Auftreten der

– Etwa ab Mitte Juni verwelken die Blätter von im Wachstum gehemmten Pflanzen. Sie verfärben sich gelb, später grau bis braun und liegen um die Pflanze herum auf dem Boden. Rübenkörper mit trockenfaulen Stellen.

– Ab Juli verwelken und vertrocknen die äußeren Blätter, mitunter nur eine Blatthälfte hiervon erfaßt. Dies betrifft auch die folgende Vergilbung. Rübenkörper im Querschnitt mit verbräunten Gefäßbündeln.

– Ein ähnliches Schadbild verursacht

– Bei warmem und trockenem Wetter welken die Pflanzen nesterweise im Bestand. Blätter sind in den frühen Morgenstunden meist noch voll turgeszent. Rübenkörper an verschiedenen Stellen mit vielen, eng beieinander stehenden Wurzeln („bärtig") besetzt, an denen sich etwa 1 mm lange und 0,7 mm dicke, weiße, gelbliche bis braune, zitronenförmige Zysten befinden.

– Rübenkörper in der Regel unmittelbar unter der Ansatzstelle der Blätter (Rübenkopf) durchgefressen durch

PUSTELBILDUNGEN AUF BLÄTTERN UND TRIEBEN VON SAMENTRÄGERN

– Auf der Blattoberseite, mitunter auch auf der Blattunterseite kleine, rotorangefarbene bis bräunliche Pusteln von etwa 1 mm Durchmesser, von hellem Hof umgeben, enthalten rotbraune, stäubende Sporenmasse.

VERFÄRBUNG DER BLATTADERN

– An den Blättern junger, mitunter aber auch älterer Pflanzen tritt eine deutliche Adernvergilbung auf. Betroffen sind in der Regel nur einzelne Pflanzen im Bestand.

– Von der deutlichen Adernvergilbung sind fast alle Pflanzen des Bestandes betroffen, mitunter zeichnen sich dabei die Arbeitsbreiten der Pflanzenschutzmaschinen im Bestand ab.

– An Pflanzen mit vergilbenden, verbräunenden, mitunter auch schon absterbenden Blättern heben sich die Blattadern deutlich grün von dem umgebenden Blattgewebe ab.

– Jüngste Blätter mit Aufhellung bzw. Gelbfärbung der Adern. Auf der Blattunterseite

Adern eingesunken („Preßmuster"). Später vergilben die äußeren und mittleren Blätter und zeigen punkt- oder strichelförmige, rötliche bis braune Nekrosen.

Nekrotische Rübenvergilbung, verursacht durch das Nekrotische Rübenvergilbungs-Virus **16**

– Adern der jungen Blätter gelblich bis weißlich aufgehellt und verbreitert. Adernchlorose beschränkt sich zum Teil nur auf eine Blatthälfte.

Rübengelbnetzkrankheit, verursacht durch das Rübengelbnetz-Virus **17**

– Adernaufhellungen, die leicht übersehen werden, sind für die Diagnose stets in Zusammenhang mit anderen Symptomen zu sehen. Sie können hervorgerufen werden durch

Rübenkräuselkrankheit, verursacht durch das Rübenkräusel-Virus **18**

Latente Rosettenkrankheit, verursacht durch rickettsienähnliche Organismen **18**

– Die Adern der jüngsten Blätter aufgehellt und auf der Blattunterseite knoten- oder warzenförmig angeschwollen. Betroffene Blätter rollen sich parallel zur Längsachse ein, verfärben sich dunkel, stumpf-grau, werden brüchig bzw. lederartig. An den Hauptadern der Blätter dunkle, zähflüssige Exsudattropfen.

Kräuselschopfkrankheit, verursacht durch das Rübenkräuselschopf-Virus **19**

VERFÄRBUNGEN AN BLÄTTERN SOWIE AN TRIEBEN DER SAMENTRÄGER MIT DEUTLICHEM PILZBELAG

– Auf den mittleren und unteren Blättern, vor allem auf der Blattoberseite weißer bis grauweißer, filzig-mehlartiger Pilzbelag (Pilzmyzel). Blätter wirken wie bestäubt.

Echter Mehltau (*Erysiphe betae* [Vanha] Weltzin) **25**

– Herzblätter auffällig hellgrün, verdickt, deformiert und brüchig. Auf der Blattunterseite, später auch auf der Blattoberseite schmutziggrauer bis grauvioletter Pilzbelag (Pilzmyzel). Schadbild kann auch an Samenträgern auftreten.

Falscher Mehltau (*Peronospora farinosa* [Fr.] Fr. f. sp. *betae* Bydford) **25**

– Auf der Blattspreite unregelmäßig umrandete Flecke, verfärben sich später schwärz-

lich. Darauf bei feuchtem Wetter schwarzgrüner, samtiger Pilzbelag.

Alternaria-**Blattbräune** (*Alternaria alternata* [Fr.] Kreissler) **27**

– Ältere Blätter welken, vergilben, sterben ab, Herzblätter rollen sich ein. Auf befallenen Pflanzenteilen weißes bis pfirsichfarbenes, zum Teil mit violetten Farbtönen durchsetztes Pilzmyzel.

Fusarium-**Welke** (*Fusarium oxysporum* Wr.) . **28**

– Blüten bzw. Samen an Samenträgern werden braun bis schwarz. Bei feuchtem Wetter darauf grauer, stäubender Pilzbelag (Sporenträgerrasen des Erregers).

Grauschimmelfäule (*Botrytis*-Samenschwärze) (*Botrytis cinerea* Pers.) **29**

MEHR ODER WENIGER ENG BEGRENZTE FLECKENBILDUNG SOWIE MOSAIKFLECKUNG AN BLÄTTERN

Siehe auch unter „Saugschäden an Blättern sowie an Trieben von Samenträgern"

– Auf den Blättern tüpfel- bis netzartige, chlorotische Verfärbungen. Blätter erscheinen gesprenkelt (Gelbfleckigkeit).

Mangan-Mangel **11**

– Blätter mit mosaikartiger Hell-Dunkelgrün-Fleckung der Blattspreite, teils mit Verbeulung und Kräuselung der Blätter verbunden (Kräuselmosaik).

Rübenmosaik, verursacht durch das Rübenmosaik-Virus **17**

– Auf den Blattspreiten deutliche grünliche Ringmuster, später großflächige gelbe Flecken.

Rübengelbfleckigkeit, verursacht durch das Tabakrattle-Virus (Tabakmauche-Virus) **17**

– In seltenen Fällen und dann auch nur vorübergehend auf den Blättern mehr oder weniger eng begrenzte, gelbe Flecke längs der Blattadern. Pflanzen mit „bärtiger" Hauptwurzel bzw. „bärtigem" Rübenkörper. Rübenkörper mit braun verfärbten Gefäßbündeln. In der Zone des Wurzelansatzes Nekrosen und braune Verfärbungen.

Rizomania, verursacht durch das Wurzelbärtigkeits-Virus **20**

– Auf den Blattspreiten kleine, runde Blattflecke mit einem Durchmesser von etwa 2 bis

3 mm. Sie haben einen roten bis braunen Rand. Blätter vertrocknen im fortgeschrittenen Krankheitsstadium.

Cercospora-**Blattfleckenkrankheit** (*Cercospora beticola* Sacc.) **26**

– Auf den Blattspreiten graue bis bräunliche Flecke mit einem Durchmesser bis zu etwa 10 mm. Flecke werden später etwas eckig. Sie besitzen einen braunen Rand. Das Innere der Flecke bleicht weißgrau aus, kann später ausbrechen.

Ramularia-**Blattfleckenkrankheit** (*Ramularia beticola* Fautr. et Lamb.) **26**

– An den Blättern, auch an Samenträgern, kurz vor der Ernte etwa bis 20 mm im Durchmesser erreichende helle Flecke mit dunklen, konzentrischen Ringen. Sie sind dunkel eingefaßt und heben sich gegen das noch grüne Blattgewebe deutlich ab. Blattgewebe kann zerreißen.

Pleospora-**Blattfleckenkrankheit** (*Phoma*-Blattfleckenkrankheit) (*Pleospora betae* Björling) **27**

MEHR ODER WENIGER UMFANGREICHE VERGILBUNGEN UND ANDERE VERFÄRBUNGEN, ABSTERBEERSCHEINUNGEN UND FÄULEN AN DEN BLÄTTERN ÄLTERER PFLANZEN SOWIE AN TRIEBEN VON SAMENTRÄGERN

Die Diagnose der diese Erscheinungen hervorrufenden Ursachen für Krankheiten und Beschädigungen ist allein an Hand des visuell im Bestand erfaßbaren Symptombildes in sehr vielen Fällen äußerst schwierig und zum Teil auch nicht möglich. Es tritt im Verlaufe der Vegetationsperiode in Zusammenhang mit zahlreichen Krankheiten und Beschädigungen auf. Für die Diagnose sind deshalb noch weitere Merkmale, die sich an anderen Stellen in der Bestimmungstabelle sowie im beschreibenden Text finden, heranzuziehen.

Die exakte Diagnose der jeweiligen Schadursachen wird weiterhin dadurch erschwert, daß verschiedene Krankheiten und Beschädigungen zum Teil im Komplex auftreten und so an der Pflanze zu gemischten bzw. interferierenden Krankheitsbildern führen. Aus diesem Grunde erfolgt speziell in diesem Abschnitt eine Untergliederung nach den Ursachen bzw. den Erregern von Krankheiten und Beschädi-

gungen. Zur besseren Orientierung wird nachfolgend eine zusammenfassende Übersicht über die möglichen Ursachen der besonders augenfälligen

– Vergilbungserscheinungen an den Blättern sowie

– Absterbeerscheinungen an den Blättern vorangestellt. Diese sind für die Diagnose unter Praxisbedingungen von besonderem Interesse, da sie den größten Einfluß auf die für die landwirtschaftliche Praxis bedeutsame Blattqualität haben.

Hinweise auf Verwechslungsmöglichkeiten sind in den beschreibenden Text aufgenommen worden.

Ursachen für Vergilbungserscheinungen an den Blättern

Ursachen für Absterbeerscheinungen an den Blättern

Hierunter werden vor allem eingeordnet:
Absterben von mehr oder weniger ausgedehnten Teilen der Blattspreite bzw. des gesamten Blattes, wobei sich die absterbenden Gewebeteile weißlich, grau, braun, dunkelbraun oder schwarz verfärben können, Nekrosen auf bzw. an den Blatträndern, die mehr oder weniger weit in die Blattspreite hineinreichen. Herausbrechen vertrockneter Gewebeteile aus der Blattspreite.

(Siehe ferner unter „Fraßschäden, Saugschäden an Blättern sowie an Trieben von Samenträgern".)

Abiotische Schäden
– Im Spätherbst vergilben und vertrocknen die unteren und ältesten Blätter der Rübenpflanzen. Je nach dem Witterungsverlauf in der Vegetationsperiode kann dies auch schon zu einem früheren Zeitpunkt auftreten.
Altersbedingtes Vergilben und Absterben

– Mehr oder weniger starke, fleckenartige Nekrosen auf der Blattspreite, diese vergilben, verfärben sich braun, trocknen ein und brechen heraus.
Herbizidschaden 1

– Blätter fahlgrün oder fahlgrün-fleckig. Gesamte Blattspreite kann gleichmäßig gelbgrün erscheinen. Schadbild meist streifenweise im Bestand oder besonders auf Vorgewenden.
Nachwirkung von Bodenherbiziden, angewandt zu Vorkulturen 3

– Blätter knicken um, Blattspreiten zerreißen und verbräunen bzw. vertrocknen an den Rißstellen. Stark geschädigte Blätter sterben ab.
Windschaden 1

– Pflanzen, die einzeln auf mehr oder weniger kreisrunden Fehlstellen mit einem Durchmesser von etwa 3 bis 15 m stehen, vergilben, kümmern und sterben schließlich ab.
Blitzschaden 3

– In den Bodensenken, aber auch großflächig nach langanhaltenden Niederschlägen mit Überschwemmungen vergilben die Blätter. Pflanzen bleiben im Wachstum zurück und können mitunter absterben.
Stauende Nässe 4

– Flächenweise oder lokal begrenzt, auch in der Nähe von Industrieanlagen unregelmäßige, mehr oder weniger umfangreiche Aufhellungen auf der Blattspreite, gefolgt von

Nekrosen, blaßgrün bis dunkelgrün verfärbt, später Absterben der Blätter.

Verbrennungen, Verätzungen, Rauchgasschaden **4**

– Über den Bestand verteilte Pflanzen weisen vollständig vergilbte Blätter auf, deren Ränder sich einrollen.

Bodensäure **4**

– Bei starker Sonneneinstrahlung gelbliche Verfärbung der Blätter von der Spitze, mitunter auch vom Rand her. Blattgewebe verfärbt sich schließlich graubraun, vertrocknet und bricht heraus.

Sonnenbrandschaden **5**

– Bei langanhaltender Trockenheit vertrocknet das Blattgewebe, meist von der Spitze der Blätter oder den Blatträndern her. Blätter verfärben sich braun, vertrocknen und liegen auf dem Boden.

Trockenheitsschaden **5**

– Blätter mit Riß- und Schlagstellen sowie mehr oder weniger durchlöcherter Blattspreite vergilben, verbräunen an den Wundrändern. Das betroffene Gewebe stirbt schließlich ab.

Hagelschaden **5**

– Die Blattspitzen von Samenträgern verfärben sich bräunschwarz (Schwarzspitzigkeit), werden trocken und brechen ab. Erscheinung tritt auf nach Einwirkung von Temperaturen unter $-4\,°C$

Frostschaden **6**

– Vereinzelte Pflanzen im Bestand weisen unregelmäßige, helle bis weiße Flecke unterschiedlichen Ausmaßes auf. Mitunter sogar ganz weiße Blätter vorhanden. Tritt auch an Samenträgern auf.

Panaschierung **6**

Abiotische Schäden, Ernährungsstörungen
– Blattspreite gegenüber normalen Pflanzen kleiner und schmaler, hellgrün bzw. blaßgrün bis gelbgrün verfärbt. Untere Blätter der Pflanzen vergilben, verwelken und sterben ab. Übrige Blätter zeigen Starrtracht (steil aufrechter Wuchs). Mitunter an älteren Blättern dunkelrote bis purpurne Färbung an Stielen und Blatträndern.

Stickstoff-Mangel **7**

– Kräftige und breite Blätter sind stark dunkel- bis blaugrün gefärbt.

Stickstoff-Überschuß **7**

– Blätter blaßgrün bis schmutziggrün, von den Rändern ausgehende purpurne bis dunkelbraune Randnekrosen. Blattspreiten vergilben später, verfärben sich braun, zum Teil auch rötlich, sterben ab. Die braunen Blattflecke brechen aus. Übrige Blätter mit typischer Starrtracht (steil aufrechter Wuchs).

Phosphor-Mangel **8**

– Blätter zeigen Starrtracht, jüngste Blätter vergilben total. Pflanzen kümmerlich entwickelt.

Schwefel-Mangel **8**

– In der Nähe von Industrieanlagen mit starker Rauchgasentwicklung weisen die Blätter unregelmäßige, mehr oder weniger umfangreiche Aufhellungen auf der Blattspreite, gefolgt von blaßgrünen bis dunkelgrünen Nekrosen auf. Blätter sterben später ab.

Rauchgasschaden (SO_2-Überschuß) **4, 8**

– Ältere Blätter bilden von den Rändern her braune Nekrosen aus, die vertrocknen und später ausbrechen. Auch auf Blattstielen braune, eingesunkene Flecke, verbräunte Blätter sterben ab.

Kalium-Mangel **9**

– Flächenweise, aber auch lokal begrenzt treten auf den Blattspreiten unregelmäßige, mehr oder weniger umfangreiche Aufhellungen auf, später Nekrosen mit blaßgrüner bis hell- oder dunkelgrüner Verfärbung. Blätter sterben vorzeitig ab.

Verbrennungen, Verätzungen durch zu hohe Kalium-Düngergaben
(Kalium-Überschuß) **4, 9**
Folge von Kopfdüngergaben
in Verbindung mit ungünstigen Witterungsbedingungen **4, 9**

– Chlorotische Aufhellung der Blattspreiten, Blattadern bleiben anfangs noch grün. An den jüngsten Blättern braune bis braunschwarze Nekrosen in den Interkostalfeldern.

Cadmium-Überschuß **10**

– Blaßgrünverfärbung des Blattrandes der jüngeren Blätter, später dunkelbraune Nekrosen, Blätter kapuzenartig eingerollt.

Calcium-Mangel **10**

– Blätter blaßgrün, verfärben sich gelblich.
Calcium-Überschuß 10

– Blätter metallisch dunkelgrün, dünn, mit purpurnem Anflug auf der Blattunterseite. Blattränder rollen und kräuseln sich mit dunkelbraunen Nekrosen. Blätter welken bei warmem und trockenem Wetter.
Natrium-Mangel 10

Relativ seltene Nährstoffüberschuß-Symptome:
– Blätter dunkel- bis blaugrün verfärbt, trocknen ohne vorhergehende Farbänderung ein, gesamtes Wachstum stark eingeschränkt.
Eisen-Überschuß 12

– Blattränder fleckig chlorotisch, aufgerollt, an Blattspitzen und -rändern sowie im Bereich der Blattnervatur braune Nekrosen.
Chlor-Überschuß 13

– Chlorose der gesamten Pflanze, rötlichbraune Flecken- und Randnekrosen, vorzeitiger Blattfall.
Zink-Überschuß 14

– Jüngste Blätter mit gold- bis orangegelben Chlorosen mit bräunlichen Farbnuancen, Blattspreite reduziert, ältere Blätter verdickt.
Molybdän-Überschuß 14

– Chlorotische Marmorierung der Interkostalfelder der älteren Blätter. Vergilbung von der Blattspitze bzw. den Blatträndern her. Später nekrotische Flecke auf den Interkostalfeldern. Blätter etwas verdickt, brüchig. Gewebe im Bereich der Blattadern bleibt deutlich grün abgesetzt gegenüber dem vergilbten, angrenzenden Blattgewebe.
Magnesium-Mangel 11

– Die aufrecht stehenden Blätter werden hellgrünfleckig bis blaßgrün, später auf der Blattspreite tüpfel- bis netzartige chlorotische Flecke („Gelbfleckigkeit"), Blattränder aufgewölbt, Blattspreite verfärbt sich schließlich chlorotisch gelb, später braun. Nekrosen brechen heraus. Blatt erscheint durchlöchert.
Mangan-Mangel 11

– An den Blattspitzen bzw. Blatträndern Chlorosen und fleckenartige Nekrosen, die später auf das gesamte Blatt übergreifen, Blattränder rollen sich ein. An den Rändern

älterer Blätter dunkelbraune, kleine Punkte und Flecke (Braunsteinablagerung).
Mangan-Überschuß 12

– Zitronengelb bis orangegelb verfärbte Blätter zeigen nahezu ohne Ausnahme grün und scharf gegen das umgebende Blattgewebe abgesetzte Blattadern. An älteren Blättern selten.
Eisen-Mangel 12
ähnlich:
Kupfer-Überschuß 14

– Herzblätter schwarz bis braunschwarz verfärbt, sterben ab, später auch ältere Blätter. Im Rübenkörper darunter ein mehr oder weniger ausgedehnter, schorfiger, dunkelbrauner Hohlraum. An der Innenseite der Blattstiele pustel- oder schorfartige Erhebungen, grau bis dunkelbraun, welche aufreißen. Austritt einer sirupähnlichen Flüssigkeit.
Bor-Mangel 13

– Blattränder gewellt und aufgewölbt. Zwischen den Blattadern Aufhellungen des Blattgrüns, Gelbfleckigkeit an den jüngeren Blättern. Später verfärben sich die Blätter purpur-bronzefarben und weisen braune Nekrosen auf.
Chlor-Mangel 13

– Löffel- oder schöpfkellenartig aufgewölbte Blätter werden zunächst an den Rändern gelbweißbraun, braun und nekrotisch. Später treten Absterbeerscheinungen auf der gesamten Blattspreite auf.
Bor-Überschuß 14

– Aufhellung des Blattgrüns bis zu gelblicher bis weißlicher Verfärbung. Im Gegensatz zum Eisenmangel (Tafel 12) Blattadern nicht so deutlich grün abgesetzt. Blattränder rollen sich löffelartig ein. An den Rändern weißbraune Nekrosen. Blätter sterben schließlich ab.
Molybdän-Mangel 14

– An den mittleren und älteren Blättern hellgelbe Marmorierung, die sich später auf die gesamte Blattspreite erstreckt. Blattadern bleiben in der Regel grün. Es kommen auch ganz gelbe Blätter vor. Blätter sind dünn, verfärben sich grauweiß bis braun und sterben ab.
Kupfer-Mangel 14

– Die gerade ausgetriebenen Blätter stehen aufrecht und verfärben sich hell- bis gelbgrün. Blattoberfläche mit narbenähnlichen, weißen, zum Teil zusammenfließenden Flecken, die sich ausweiten. Später bleibt nur noch entlang der Blattadern ein grüner Saum erhalten. Blätter vertrocknen und verfärben sich weiß bis braun (Weißfleckigkeit).
  Zink-Mangel **14**

Virosen

– Nesterweise im Bestand treten vergilbte Pflanzen auf. Auf den vergilbten Blättern finden sich keine Nekrosen, vielmehr vergilben einzelne ältere und mittlere Blätter von der Spitze her beginnend. Blattadern und unmittelbar angrenzendes Gewebe bleibt zunächst grün. Die Vergilbung kann sich auch als schwach hellgrüne bis gelbe Scheckung äußern. Typisch ist jedoch eine orangegelbe Verfärbung von Teilen der Blattspreite, vor allem von der Spitze her beginnend. Blätter selbst bei trockener Witterung auffallend turgeszent und brüchig. Vielfach sterben die betroffenen Blätter unter Braunverfärbung ab. Sekundärinfektionen mit *Alternaria alternata* (Fr.) Kreissler (Tafel 27) sind häufig.
  Milde Rübenvergilbung verursacht durch das Milde Rübenvergilbungs-Virus **15**

– Jüngste Blätter mit Adernaufhellungen bzw. Gelbfärbung der Adern. Auf der Blattunterseite Adern eingesunken („Preßmuster"). Später vergilben die äußeren und mittleren Blätter. Sie zeigen punkt- oder strichelförmige, rötliche bis braune Nekrosen, die zu einem bronzefarbenen Aussehen führen. Stark geschädigte Blätter sterben unter Braunverfärbung ab.
  Nekrotische Rübenvergilbung, verursacht durch das Nekrotische Rübenvergilbungs-Virus **16**

Bakteriosen

– Auf den Blattspreiten, Blattadern und Blattstielen Flecken und Nekrosen. Blattränder vergilben, verfärben sich braunschwarz und sterben ab. Die Nekrosen auf den Blattspreiten vertrocknen und brechen heraus. Dadurch erscheint das Blatt durchlöchert.
  Bakterielle Blattfleckenkrankheit (*Pseudomonas syringae* van Hall) **21**

Mykosen

– Auf den mittleren und unteren Blättern, vor allem auf der Blattoberseite weißer bis grauweißer, filziger, mehlartiger Pilzbelag. Blätter wirken wie bestäubt, vergilben später, vertrocknen und sterben ab.
  Echter Mehltau (*Erysiphe betae* [Vanha] Weltzin) **25**

– Herzblätter auffällig hellgrün, verdickt, deformiert und brüchig. Auf der Blattunterseite, später auch auf der Blattoberseite schmutziggrauer bis grauvioletter Pilzbelag. Befallene Blätter verfärben sich im fortgeschrittenen Stadium braun bis schwarz und sterben ab. Schadbild tritt auch an Samenträgern auf.
  Falscher Mehltau (*Peronospora farinosa* [Fr.] Fr. f. sp. *betae* Bydford) **25**

– Auf den Blattspreiten kleine, runde Blattflecke mit einem Durchmesser von etwa 2 bis 3 mm. Sie haben einen roten bis braunen Rand. Ihre Zahl nimmt mit fortschreitender Entwicklung zu, schließlich vertrocknen die befallenen Blätter und sterben ab.
  Cercospora-**Blattfleckenkrankheit** (*Cercospora beticola* Sacc.) **26**

– Auf den Blattspreiten graue bis bräunliche Flecke mit einem Durchmesser bis zu etwa 10 mm. Flecke werden später etwas eckig. Sie besitzen einen braunen Rand. Das Innere der Flecke bleicht weißgrau aus und kann später ausbrechen. Bei starkem Befall Absterben der betroffenen Blätter.
  Ramularia-**Blattfleckenkrankheit** (*Ramularia beticola* Fautr. et Lamb.) **26**

– Die äußeren Blätter welken, vertrocknen und sterben ab, die Herzblätter verkrümmen und verformen sich, welken und vergilben. Von der Verfärbung bzw. dem Absterben ist vielfach nur eine Blatthälfte betroffen. Bei Befall von Samenträgern vertrocknen ganze Pflanzenteile. Die Leitungsbahnen sind nekrotisiert.
  Verticillium-**Welke** (*Verticillium albo-atrum* Reinke et Berth.) **27**

– Ältere Blätter verfärben sich hellgrün bis gelblichgrün. Vergilbte Blatteile werden nekrotisch und trocknen ein, später sterben die betroffenen Blätter ab. Krankheitsbild ist zum Verwechseln ähnlich mit Infektionen durch das Milde Rübenvergilbungs-Virus (Tafel 15) sowie durch Magnesium- und Mangan-Mangel (Tafel 11) und unterscheidet sich von diesen durch das Vorhandensein braun verfärbter Gefäßbündel im Rübenkörper.

– Auf den Blättern treten, von der Spitze her beginnend, braune, unregelmäßig umrandete Flecke in den Interkostalfeldern auf. Das betroffene Gewebe verfärbt sich später schwärzlich, bricht heraus. Blätter sehen zerfasert aus und sterben bei starkem Befall ab.

– An den Blättern, auch an Samenträgern, kurz vor der Ernte etwa bis 20 mm im Durchmesser erreichende helle Flecke mit dunklen konzentrischen Ringen. Sie sind dunkel eingefaßt und heben sich gegen das noch grüne Blattgewebe deutlich ab. Blattgewebe kann zerreißen. Bei starkem Befall verfärben sich die betroffenen Blätter braun, vertrocknen und sterben ab.

– Auf der Blattoberseite, mitunter auch auf der Blattunterseite kleine, rotorangefarbene bis bräunliche Pusteln von etwa 1 mm Durchmesser, von hellem Hof umgeben, enthalten rotbraune, stäubende Sporenmasse. Stark befallene Blätter vergilben und sterben ab.

– Blätter von im Wachstum gehemmten Pflanzen welken, verfärben sich gelb, später grau bis braun, vertrocknen und sterben ab. Sie liegen um die Pflanze herum auf dem Boden. Rübenkörper mit trockenfaulen Stellen. An den abgestorbenen Blättern, vor allem im Bereich des Rübenkopfes, aber auch an anderen Stellen, anfangs helle, später bräunlich werdende Dauerorgane (Sklerotien).

Tierische Schaderreger

– Nesterweise im Bestand im Wachstum gehemmte Pflanzen welken bei warmem und trockenem Wetter, die Blätter werden bleich und sehen matt aus, äußere Blätter vergilben, vertrocknen und sterben ab. Rübenkörper mit vielen, eng beieinander stehenden Wurzeln, stark verzweigt („bärtig"). An den Wurzeln etwa 1 mm lange und 0,7 mm dicke, weiße, gelbliche bis braune, zitronenförmige Zysten.

– An den Blättern von Pflanzen in der Nachbarschaft von Luzerne- oder Kleebeständen kleine, helle Flecke, die sich später hellgrau, graubraun oder gelblichbraun verfärben. Sie nehmen später an Umfang zu, die Blätter verfärben sich hellgrau bis graubraun und sterben vorzeitig ab. An den befallenen Pflanzenteilen, vor allem auf der Blattunterseite, verschieden gefärbte, etwa 0,3 bis 0,5 mm lange Milben, zum Teil in lockerem Gespinst, daneben Eier und Larven.

– Zunächst unregelmäßig große, gelblichweiße Saugflecke auf den Blattspreiten. Sie verfärben sich gelblich, später bräunlich, besonders an den Blatträndern und -spitzen. Oberhalb der Einstichstellen Vergilbung und Absterben des Blattgewebes bzw. Triebspitzen bei Samenträgern.

– In den Blättern zunächst Gangminen, die sich später zu großen, unregelmäßig geformten Platzminen ausweiten. Epidermis des Blattes läßt sich im Bereich der Platzminen leicht entfernen, darunter weißlichgelbe bis grünliche, bis etwa 8 mm lange Fliegenlarve. Bei starkem Befall vertrocknen die Blätter. Die trockenen Gewebeteile brechen heraus, Blätter nehmen ein zerschlissenes Aussehen an. Schließlich sterben die Blätter völlig ab.

DEFORMATIONEN, MISSBILDUNGEN AN
BLÄTTERN UND TRIEBEN SOWIE
VERÄNDERUNGEN DES WUCHSHABITUS

– Blätter, mitunter auch die Vegetationspunkte, unterschiedlich deformiert, Blattspreiten unregelmäßig gewellt, eingerollt.
Schaden durch Wuchsstoffherbizide 2

– Bereits im Ansaatjahr von Fabrikrüben
treiben die Pflanzen, mehr oder weniger zahlreich im Bestand, blühende Triebe. Ausbildung des Rübenkörpers ist beeinträchtigt.
Schosserbildung 5

– Einzelne Triebe in Samenträgerbeständen
sind bandförmig verbreitert, brettartig. Sie
weisen zahlreiche Seitentriebe, mitunter mit
vielen kleinen Blättchen auf. Auch Blattstiele
von Fabrikrübenpflanzen können brettartig
verbreitert sein.
Verbänderung 6

– Die Blätter der Pflanzen zeigen einen
Wuchshabitus mit ausgesprochener Starr-
tracht (Blätter mit steil aufrechtem Wuchs).
Zur Differentialdiagnose sind noch weitere
Merkmale zu berücksichtigen.
Stickstoff-Mangel 7
Phosphor-Mangel 8
Schwefel-Mangel 8
Zink-Mangel 14

– Wellungen und Kräuselungen der Blatt-
spreite, leichtes Einrollen der Blattränder
ohne Befall mit saugenden Insekten (Tafeln
43, 44) können in Verbindung stehen mit
Kalium-Mangel 9
Calcium-Mangel, Natrium-Mangel 10
Mangan-Überschuß 12
Chlor-Mangel 13
(Zur Differentialdiagnose weitere Merkmale
beachten.)

– Herzblätter sitzen infolge Wachstumshemmung ·und eines gestauchten Wuchshabitus sehr eng und dicht. Sie verfärben sich
schwarz bis braunschwarz, sterben ab, später
auch ältere Blätter. Im Rübenkörper darunter
ein mehr oder weniger ausgedehnter, schorfiger, dunkelbrauner Hohlraum. An der Innenseite der Blattstiele pustel- oder schorfartige
Erhebungen, grau bis dunkelbraun, welche
aufreißen. Austritt einer sirupähnlichen
Flüssigkeit.
Bor-Mangel 13

– Löffel- oder schöpfkellenartige Deformierungen an den Blättern treten auf in Verbindung mit
Bor-Überschuß, Molybdän-Mangel 14

– Unregelmäßiges Krümmen und Kräuseln
der Blätter. Diese bilden einen mehr oder
weniger geschlossenen Schopf („Salatkopf").
Es entsteht ein kegelförmiger Rübenkopf
(Längsschnitt!). Zusätzlich tritt Hohlherzig-
keit mit dunkler Verfärbung der Gefäße auf.
Rübenkräuselkrankheit, verursacht durch das
Rübenkräusel-Virus 18

– Kräuselung und Wuchsminderung der
Blätter. Die Blattspreite auffallend vermin-
dert, viele kleine, lanzettförmige Blättchen.
Pflanze nimmt büschel- oder rosettenförmiges
Aussehen an.
Latente Rosettenkrankheit, verursacht durch
rickettsienähnliche Organismen 18

– Die jüngsten Blätter schwellen auf der
Unterseite knoten- bis warzenförmig an, die
Adern hellen sich auf. Die kranken Blätter
rollen sich parallel zur Längsachse nach oben
oder unten ein, verfärben sich dunkel, stumpf-
grau, erscheinen dick, brüchig bzw. lederartig.
Auf den Hauptnerven schwarze, längliche
Flecke mit dunklen, zähflüssigen Exsudat-
tropfen.
Kräuselschopfkrankheit, verursacht durch das
Rübenkräuselschopf-Virus 19

– Bei Pflanzen, deren Rübenkörper auffällige
Wucherungen mit zerklüfteter Oberfläche
aufweisen, finden sich mitunter an Blattstielen
und Blatträndern Verdickungen sowie Deformationen an den Blattspreiten.
Wurzelkropf (*Agrobacterium tumefaciens* [Smith et
Townsend] Conn.) 23

– Am Kopf der Rübe, selten an den Blattstielen, finden sich zerklüftete Knötchen oder
Pocken mit Durchmessern von 1 bis 3 cm, mitunter auch größer.
Tuberkulose der Beta-Rübe (*Xanthomonas beticola* [Smith et al.] Săvulescu) 23

– Die auffällig hellgrünen Herzblätter sind
verdickt, deformiert und brüchig. Auf der
Blattunterseite, später auch auf der Blattoberseite schmutziggrauer bis grauvioletter Pilzbelag. Schadbild tritt auch an Samenträgern auf.
Falscher Mehltau (*Peronospora farinosa* [Fr.] Fr. f.
sp. *betae* Bydford) 25

– Herzblätter deformiert, gestaucht, bleiben stecken. Vor allem an den Ansatzstellen älterer Blätter Verdickungen und Verdrehungen. Vielfach ist der Rübenkopf gespalten und deformiert. Die Blattspreiten älterer Blätter mit Verdrehungen und Kräuselungen. Im Gewebeinneren 1 bis 1,5 mm lange Fadenwürmer mit geknöpftem Mundstachel.

– Blätter miteinander versponnen, auch einzelne Blattspreiten zusammengesponnen. Darin leben kleine, graugrüne, später grüne bis blaßgrüne und etwa 13 mm lang werdende Schmetterlingslarven.

– Mehr oder weniger starke Wellungen und Kräuselungen der Blattspreite, zum Teil Einrollung der Blattränder können verursacht werden durch

FRASSSCHÄDEN AN BLÄTTERN SOWIE AN TRIEBEN VON SAMENTRÄGERN

– Buchtenförmiger Blattrandfraß, bei starkem Befall an älteren Blättern Kahlfraß bis auf die Blattrippen durch verschiedene Rüsselkäfer-Arten, vor allem

– Zunächst Schabe- und Fensterfraß auf den Blattspreiten, später ausgeprägter Lochfraß, wobei bei starkem Befall nur noch die Blattrippen übrigbleiben, auf den Blättern mattschwarze, etwa 11 bis 13 mm lange, asselförmige Larven. Die etwa 9 bis 15 mm langen, dunkelbraunen bis schwarzen Käfer lassen sich bei Annäherung leicht zu Boden fallen.

– Ausgehend von feinem Lochfraß werden die Blattspreiten von 4 bis 9 mm langen, bedornten, grünen bis gelbgrünen, ovalen Larven sowie 4 bis 7 mm langen, ovalen, braungelben, rostroten oder gelbbraunen Käfern, zum Teil mit grünsilberiger Längsbinde, befressen und bei starkem Befall später skelettiert.

– An den unteren Blättern in Bodennähe fressen erdfarbene, graue oder graugrüne Schmetterlingslarven.

– Zuerst Blattrand- und Lochfraß, später mitunter Skelettierfraß, wird verursacht durch die Larven von

ferner durch die grünlich-schwärzlichen, etwa 20 mm langen Larven des

– An den Blattspreiten, vor allem an Pflanzen auf feuchten Standorten, unregelmäßig geformte Fraßstellen mit Schleimspuren.

– Rübenpflanzen oder Triebe von Samenträgern welken. In der Nähe der Bodenoberfläche sind äußerlich mit Fraßmehlpfropfen gefüllte, kleine Bohrlöcher zu erkennen. Triebe sind ausgehöhlt. Im Inneren der Rüben bzw. Triebe fressen gelbliche bis rötliche, bis etwa 50 mm lang werdende Schmetterlingslarven. Sie haben rötliche Zeichen auf dem Rücken.

– Längliche Fraßstreifen an der Blattunterseite, später Rand- und Lochfraß. Blätter können skelettiert werden durch 10 bis 18 mm lange, 22füßige Blattwespenlarven.

– In den Blättern zunächst Gangminen, die sich später zu großen, unregelmäßig geformten Platzminen ausweiten. Epidermis des Blattes läßt sich im Bereich der Platzmine leicht entfernen, darunter weißlich-gelbe bis grünliche, etwa 8 mm lange Fliegenlarven.

Rübenfliege (*Pegomyia betae* Curt.) **37**
Bilsenkrautfliege (*Pegomyia* [*Pegomya*] *hyoscyami* Panz.) **37**

– Im Blattinneren etwa 0,5 mm breite, geschlängelte Gangmine, die sich zu einer etwa 2 bis 3 cm großen Platzmine ausweitet, darin etwa 3 mm lange, gelbe Fliegenlarve.

Nelkenminierfliege (*Phytobia flavifrons* Meig.) **37**

– In den Blattstielen Fraßminen, Rübenkopf ist von Fraßgängen durchzogen, die zum Teil bis in den oberen Rübenkörper hineinreichen, das Herz der Rübe verfault. Herzblätter, die von Gespinst umgeben sind, werden befressen.

Rübenmotte (Runkelrübenmotte)(*Scrobipalpa* [*Phthorimaea*] *ocellatella* Boyd.) **42**
Meldenmotte (*Phthorimaea atriplicella* F. R.) . **42**

– Auf den Blattspreiten bzw. im Blattstiel Gang- und Platzminen, Herzblätter, aber auch die Spreiten älterer Blätter zusammengesponnen. In den Minen bzw. an den zusammengesponnenen Blättern fressen graugrüne, später grüne bis blaßgrüne, etwa 13 mm lange Schmetterlingslarven.

Schattenwickler (*Cnephasia* spp.) **38**

SAUGSCHÄDEN AN BLÄTTERN
SOWIE AN TRIEBEN
VON SAMENTRÄGERN

– An den Blättern von Pflanzen in der Nachbarschaft von Luzerne- oder Kleebeständen kleine, helle Flecke, die sich später hellgrau, graubraun oder gelblichbraun verfärben. Sie können vorzeitig absterben. An den befallenen Pflanzenteilen, vor allem auf der Blattunterseite, verschieden gefärbte, etwa 0,3 bis 0,5 mm lange Milben, zum Teil in lockerem Gespinst, daneben Eier und Larven.

Gemeine Spinnmilbe (*Tetranychus urticae* Koch) **34**

– Blattunterseite grau gesprenkelt bzw. mit mehr oder weniger ausgedehnten, grauweißen Flecken, die vielfach bis zur Blattoberseite durchscheinen. An den Blättern kleine, schwärzlich glänzende Kottröpfchen und etwa 0,7 bis 1,5 mm lange, schlanke, gelbbraune bis dunkelbraune bzw. grau- bis schwarzbraune, kurzbeinige Insekten mit zum Teil befransten Flügeln.

Blasenfuß-Arten **34**

– In geschützten Lagen, in der Nähe von Gewächshäusern, saugen vor allem an der Blattunterseite ovale, hellgrüne, etwa 0,8 mm lange und 0,5 mm breite, beborstete Larven. Daneben etwa 1,5 mm lange, weißbepuderte, leicht abfliegende Mottenschildläuse.

Weiße Fliege (Gewächshaus-Mottenschildlaus) (*Trialeurodes vaporariorum* Westw.) **34**

– Zunächst unregelmäßig große, gelblichweiße Saugflecke auf den Blattspreiten. Sie verfärben sich später bräunlich, besonders an den Blatträndern und -spitzen. Oberhalb der Einstichstelle Vergilbung. Triebspitzen von Samenträgern verfärben sich schwärzlich und sterben ab.

Grüne Futterwanze (*Exolygus* [*Lygus*] *pabulinus* L.) **43**
Kartoffelwanze (Zweipunktige Wiesenwanze) (*Calocoris norvegicus* Gmel.) **43**
sowie weitere Wanzen-Arten **43**

– An den Blättern saugen einzelne, grüne bis gelbgrüne, geflügelte und ungeflügelte, etwa 2,0 mm lange Blattläuse, mitunter in kleinen Kolonien.

Grüne Pfirsichblattlaus (*Myzus persicae* [Sulz.]) **44**

– An den Blättern saugen in Kolonien lebende, schwarze, geflügelte und ungeflügelte Blattläuse, vor allem an den Herzblättern sowie auf der Blattunterseite. Befallene Blätter oft gekräuselt, die Blattränder eingerollt.

Schwarze Bohnenlaus (*Aphis fabae* Scop.) **44**
sowie weitere Blattlaus-Arten **44**

IV. Krankheiten und Beschädigungen am Rübenkörper und an den Wurzeln älterer Pflanzen (auch an Stecklingen mitunter vorkommend)

GEWEBEVERÄNDERUNGEN, MISSBILDUNGEN

– Auf etwa kreisrunden Kahlflächen mit einem Durchmesser von etwa 3 bis 15 m stehen einzelne, kümmernde Rübenpflanzen mit mißgebildetem Rübenkörper.

Blitzschaden **3**

– Bei der Ernte werden Rüben festgestellt, deren Hauptwurzel mehr oder weniger stark verzweigt und „beinig" erscheint oder in anderer Weise deformiert ist.

Beinigkeit **6**

– Beim Aufschneiden des Rübenkörpers unterhalb der schwarzen, abgestorbenen Herzblätter ist ein mehr oder weniger ausgedehnter Hohlraum mit schorfiger, dunkelbrauner Innenwand erkennbar. Krankheitserreger und tierische Schaderreger nicht erkennbar.

**Bor-Mangel
(Herz- und Trockenfäule)** **13**

– Rübenpflanzen, deren Blattwerk salatkopfähnlich ausgebildet ist, zeigen einen kegelförmigen Rübenkopf, welcher im Längsschnitt besonders gut zu erkennen ist. Diese Rüben sind vielfach hohl (Hohlherzigkeit).

**Rübenkräuselkrankheit
(Wanzenkräuselkrankheit),** verursacht durch das Rübenkräusel-Virus **18**

– Am Rübenkörper im Bereich der Bodenoberfläche schorfige, braun verfärbte Bezirke, fließen zum Teil gürtelförmig zusammen. Es entstehen tiefe Risse und Zerklüftungen oder pustelartige, kleine, meist längliche oder runde, dunkelbraune Schorfstellen.

Rübenschorf (*Actinomyces* spp., *Streptomyces* „scabies" [Thaxt.] Waksman et Henrici) **22**

– Am Rübenkörper auffällige Wucherungen mit zerklüfteter Oberfläche.

Wurzelkropf (*Agrobacterium tumefaciens* [Smith et Townsend] Conn.) **23**

– Am Rübenkopf zerklüftete Knötchen oder Pocken bis etwa 3 cm Größe, zum Teil auch größer. Beim Aufschneiden der Wucherungen im Inneren kleine, wasserdurchsogene, gelblich-braune Bereiche (im Gegensatz zu Wurzelkropf).

Tuberkulose der Beta-Rübe (*Xanthomonas beticola* [Smith et al.] Săvulescu) **23**

– Am Rübenkörper Seitenwurzeln stark angeschwollen, an den Wurzeln auch Gallen von unregelmäßiger Gestalt, meist rundlich bis spindelförmig. Auch der Rübenkörper kann deformiert sein.

Wurzelgallenälchen (*Meloidogyne* spp.) **32**

KRANKHAFTE VERÄNDERUNG DER WURZELAUSBILDUNG, BÄRTIGKEIT

– An oft klein bleibenden Rübenkörpern, vielfach auch mit Beinigkeit (Tafel 6), stark ausgebildetes Faserwurzelsystem. Rübe erscheint „bärtig". Pflanzenpathogene Viren (Wurzelbärtigkeits-Virus Tafel 20, Rübenkräuselschopf-Virus Tafel 19) sowie Rübenzystenälchen (Tafel 32) nicht nachweisbar.

Standort mit einer für den Rübenanbau **ungünstigen Bodenstruktur.**

– Am Rübenkörper Bildung zahlreicher Haarwurzeln. Rübe erscheint „bärtig". Neben hellen, vitalen Faserwurzeln stets eine größere Anzahl abgestorbener, braunschwarzer Faserwurzeln, Gefäßbündel braun verfärbt, Nekrosen und Verfärbungen am Wurzelansatz.

Rizomania, verursacht durch das Wurzelbärtigkeits-Virus **20**

– Der Rübenkörper erscheint durch starke Faserwurzelbildung „bärtig" bei solchen Pflanzen, welche parallel zur Längsachse eingerollte, dicke, brüchige bzw. lederartige Blätter aufweisen. Hauptnerven der Blätter sowie Blattstiele mit schwarzen, länglichen Flecken, welche dunkle, zähflüssige Exsudattropfen ausscheiden. Gefäßbündel der Rübe schwarz verfärbt.

Kräuselschopfkrankheit, verursacht durch das Rübenkräuselschopf-Virus **19**

– Im Bestand nesterweise im Wachstum gehemmte Pflanzen, die bei warmem, trockenem Wetter welken, Rübenkörper an verschiedenen Stellen mit vielen, eng beieinander stehenden Wurzeln („bärtig"), an denen sich etwa 1 mm lange und 0,7 mm dicke, weiße, gelbliche bis braune, zitronenförmige Zysten befinden.

GEFÄSSVERFÄRBUNGEN IM RÜBENKÖR-PER (QUER- BZW. LÄNGSSCHNITT)

– Braune bis braunschwarze oder schwarze Verfärbung der Gefäße im Rübenkörper, sichtbar nach Quer- bzw. Längsschnitt des Rübenkörpers, können in Verbindung mit anderen, für jede Krankheit spezifischen Symptomen verursacht werden durch

VERFÄRBUNGEN, ABSTERBE-ERSCHEINUNGEN, FÄULEN

– Auf Böden mit langanhaltender Überschwemmung bzw. sehr hoher Bodenfeuchtigkeit über einen längeren Zeitraum der Vegetationsperiode verfaulen die Rübenkörper, wobei am Rübenkörper die verschiedensten bakteriellen und pilzlichen Krankheitserreger sowie saprophytisch lebende Arten festgestellt werden können.

– Bereits geerntete und auf dem Feld gelagerte Rüben werden nach längerer Einwirkung von Temperaturen unter $-3\,°C$ glasig und wäßrig. Beim Anschneiden werden sie bräunlich, zersetzen sich nach dem Auftauen.

– „Bärtige" Rüben weisen neben hellen, vitalen Faserwurzeln eine größere Anzahl ab-

gestorbener, braunschwarzer Wurzeln auf, Gefäßbündel sind braun verfärbt, Nekrosen und Verfärbungen am Wurzelansatz.

– Im Rübenkörper Schwarzverfärbungen, Gefäßbündel bereits ab etwa Juli schwarz verfärbt. An den Blättern derartiger Pflanzen Blattflecken sowie Nekrosen an Adern und Blattstielen.

– Naß- und Trockenfäule am Rübenkörper. Die äußeren Partien des Rübenkörpers bleiben erhalten. Im Inneren schmierige, braune oder trockenfaule, dunkelbraune Masse. Beginn der Fäule am Kronenende, setzt sich bis in die Wurzelspitze fort (Rübenschwanz-fäule).

– Am Kopf der Rübe zerklüftete Knötchen oder Pocken bis etwa 3 cm Größe, zum Teil auch größer, in späterem Stadium Faulstellen am Rübenkörper bis tief in das Innere.

– An lagernden Rüben findet sich vielfach auf braunschwarzen, äußerlichen Faulstellen ein mausgrauer, stäubender Pilzbelag.

– Rübenkörper mit einem lockeren, roten bis dunkelvioletten Pilzmyzel überzogen. Darunterliegendes Rübengewebe geht in Fäule über. Im Pilzbelag kleine, dunkelrote bis schwarze Knötchen.

– Rübenkörper mit trockenfaulen Stellen, auf denen sich ein weißer Pilzbelag findet, vielfach bis zum Rübenkopf hingezogen. Darin helle, später bräunliche Knötchen (Sklerotien) als Dauerorgane des Pilzes.

– Ein ähnliches Schadbild wie *Rhizoctonia solani* bzw. *Sclerotium rolfsii*. An den Rübenköpfen braun verfärbte, kugelige Sklerotien.

Typhula-**Fäule** (*Typhula betae* Rostr., *Typhula variabilis* Riess.) **30**

– Am Rübenkörper eine sich von der Rübenspitze her nach oben erstreckende Weich- oder Naßfäule (Rübenschwanzfäule).

Phytophthora-**Naßfäule** (*Phytophthora-* **Rübenkörperfäule**) (*Phytophthora megasperma* Drechsler, *Phytophthora drechsleri* Tucker) **30**

– Am Rübenkopf, der zum Teil gespalten ist, schorfartige, nekrotische Stellen oder Risse, Gewebezerstörung kann bis tief in den Rübenkörper hineinreichen (Rübenkopffäule, Wurmfäule). Rüben faulen im Lager. Im Gewebe, vor allem in der Übergangszone zwischen gesundem und verfaultem Rübengewebe zahlreiche, etwa 0,8 bis 1,5 mm lange Fadenwürmer mit geknöpftem Mundstachel.

Rübenkopfälchen (Stengelälchen, Stockälchen) (*Ditylenchus dipsaci* [Kühn] Filipjev) **33**

Kartoffelkrätzeälchen (*Ditylenchus destructor* Thorne) **33**

FRASSSCHÄDEN

– Der Rübenkopf ist von Fraßgängen durchzogen, das Herz der Rübe verfault. Am Rübenkopf entsteht eine aus Blattresten und Kot sowie Bohrmehl bestehende, faulige Masse. Fraßgänge gehen zum Teil bis tief in den oberen Abschnitt des Rübenkopfes hinein. Darin während des Sommers graugelbe bis grünliche, etwa 10 bis 12 mm lang werdende Schmetterlingslarven.

Rübenmotte (Runkelrübenmotte) (*Scrobipalpa* [*Phthorimaea*] *ocellatella* Boyd.) **42**

Meldenmotte (*Phthorimaea atriplicella* F. R.) (Larven etwa 8 mm lang, grau bis braungrün) . **42**

– Am Rübenkörper in der Nähe der Bodenoberfläche äußerlich mit Fraßmehlpfropfen gefüllte Bohrlöcher erkennbar. Im Inneren der Rübe oder der Samenträgerpflanze fressen bis zu 50 mm lang werdende, gelbliche bis rötliche Schmetterlingslarven.

Rübenbohrer (Kartoffelbohrer) (*Hydroecia micacea* Esp.) **42**

– Der Rübenkörper weist unregelmäßig geformte, mehr oder weniger ausgebreitete und von außen her zum Teil tief in das Gewebe hineinreichende Fraßstellen auf. Im Bereich der Fraßstellen während der Vegetationsperiode verschiedene Käfer- bzw. Schmetterlingslarven, zur Erntezeit meist nicht mehr nachweisbar.

Engerlinge **36**

Drahtwürmer **36**

Erdraupen **36**

Schnakenlarven **35**

Rübenderbrüßlerlarven (*Bothynoderes puncti-ventris* [Germ.]) **40**

Luzernerüßlerlarven (*Otiorhynchus ligustici* [L.]) **40**

sowie weitere Rüsselkäferlarven **40**

– Rübenkörper bzw. Stecklinge mit erheblichen Fraßspuren, zum Teil der gesamte Rübenkörper ausgehöhlt, so daß nur noch die äußeren Gewebepartien stehenbleiben. Spuren von Nagezähnen erkennbar.

Mäuse

– Rübenkörper von oben vollständig abgefressen, zum Teil bis in das Erdreich hineinreichend. In der Nähe Erdlöcher mit aufgewühlter Erde.

Hamster

SAUGSCHÄDEN

– Vor allem auf steinigen Böden saugen im oberen Bereich des Rübenkopfes äußerlich am Rübengewebe etwa 2,4 mm lange, blaßgrünliche Blattläuse mit schwärzlichgrauem Fleck auf dem Kopf. Körper mit starker, fädiger Wachsausscheidung.

Zuckerrübenwurzellaus (*Pemphigus fuscicornis* [Koch]) **44**

– Unter ähnlichen Verhältnissen saugen im Bereich des Rübenkopfes 1,9 bis 2,3 mm lange, weißliche bis bräunlichgelbe, runde, mit weißem Wachsstaub bedeckte Wurzelläuse.

Weiße Bohnenwurzellaus (*Smynthurodes betae* Westw.) **44**

V. Krankheiten und Beschädigungen an gelagerten bzw. eingemieteten Rüben sowie Stecklingen

Da Rüben bzw. Stecklinge, welche nach der Ernte gelagert oder eingemietet werden, bereits im Feldbestand erkrankt oder beschädigt worden sein können, sind die betreffenden Krankheits- oder Schadbilder auch im Lager oder in der Miete vorzufinden. Siehe zur Diagnose deshalb auch unter IV. Krankheiten und Beschädigungen am Rübenkörper und an den Wurzeln älterer Pflanzen. An dieser Stelle sollen deshalb nur wenige, für die Lagerung bzw. Einmietung charakteristische Krankheits- und Schadursachen berücksichtigt werden.

FÄULEN

– Vielfach ausgehend von äußerlichen Beschädigungen des Rübenkörpers verschiedenartige Fäuleschadbilder, Rübengewebe teils trockenfaul, teils naßfaul, vielfach rissig, fleckenartig eingesunken und dunkelbraun bis schwarz verfärbt.

Mietenfäule, verursacht durch verschiedene bakterielle oder pilzliche Krankheitserreger sowie Nematoden-Arten, oft im Komplex auftretend . **31**

FRASSSCHÄDEN

– An den Rüben bzw. Stecklingen unregelmäßige äußere Fraßstellen mit Schleimspuren.

Schnecken, verschiedene Arten **35**

– Rübenkörper bzw. Stecklinge mit erheblichen Fraßspuren, zum Teil der gesamte Rübenkörper ausgehöhlt, so daß nur noch die äußeren Gewebepartien stehenbleiben. Spuren von Nagezähnen erkennbar.
Mäuse

SAUGSCHÄDEN

– Vor allem an eingelagerten oder eingemieteten Futterrüben sowie an Zucker- und Futterrübenstecklingen saugen, besonders im Bereich des Rübenkopfes verschiedene blaßgrüne bis olivgrüne oder weißliche bis bräunlichgelbe, zum Teil mit Wachsstaub bepuderte oder mit fädiger Wachsausscheidung bedeckte, etwa 1,9 bis 2,4 mm lange Blattläuse.

Kellerlaus (*Rhopalosiphoninus latysiphon* [Davids.]) **44**
Zuckerrübenwurzellaus (*Pemphigus fuscicornis* [Koch]) **44**
Weiße Bohnenwurzellaus (*Smynthurodes betae* Westw.) **44**

– An eingemieteten Futterrüben sowie an Zucker- und Futterrübenstecklingen in der Miete oder im Lager können in manchen Jahren vielfach in großer Zahl etwa 2,0 mm lange, grüne bis gelbgrüne, ungeflügelte Blattläuse vor allem im Bereich des Rübenkopfes gefunden werden.

Grüne Pfirsichblattlaus (*Myzus persicae* [Sulz.]) als anholozyklisch überwinternde Form. Sie besitzt besondere Bedeutung für die Frühinfektion mit Vergilbungsviren der Fabrikrübenbestände in der Nachbarschaft ausgepflanzter Stecklinge **44**

Bildtafeln und Beschreibungen der Krankheiten und Beschädigungen an Zucker- und Futterrüben

Herbizidschaden

SCHADBILD

Nach Anwendung von Spezialherbiziden für den Rübenanbau kann es zu Hemmungen des Wachstums der jungen Pflanzen, mitunter bis zum zeitweisen Wachstumsstillstand, kommen. Diese Erscheinung wird vor allem durch nicht richtig gewählten Anwendungszeitpunkt sowie bestimmte Witterungsbedingungen bzw. Bodenverhältnisse begünstigt. An den Blättern treten Adernvergilbungen auf, die sowohl an jungen Pflanzen als auch an den Blättern älterer Pflanzen zu beobachten sind (2 a, b). Gegenüber Blättern ungeschädigter Pflanzen (1) erscheint das Blattgrün aufgehellt. Die Symptome der Adernvergilbung können mit Schäden durch Mineralöle (angewandt zur Vektorenbekämpfung) (Tafel 2) verwechselt werden, ebenso mit denen der Rübengelbnetzkrankheit (Tafel 17). Im Gegensatz zu Mineralölschaden tritt die Adernvergilbung durch Rübenherbizide vielfach nur an einzelnen Pflanzen im Bestand auf. Durch Abdrift von Herbiziden, die zur Unkrautbekämpfung in Gehölzbeständen, an Grabenrändern und Feldrainen eingesetzt werden, treten an den Blättern der kontaminierten Pflanzen mehr oder weniger starke, fleckenartige Nekrosen auf, die sich über die gesamte Blattspreite erstrecken können (3). Sie verfärben sich grau bis braun, trocknen ein und brechen schließlich heraus. Die Blätter sehen dann zerfasert aus. Betroffen sind niemals nur Einzelpflanzen, sondern stets zahlreiche Pflanzen im Einwirkungsbereich der Abdrift. Dieses Schadbild wird durch den Austrieb der Herzblätter je nach den Witterungsverhältnissen mehr oder weniger schnell überwachsen. Bei der Ursachenermittlung sind stets mögliche Abdriftrichtungen sowie die Arbeitsbreite und Fahrtrichtung der Spritzgeräte in die erforderlichen Untersuchungen einzubeziehen. Sofern zwischen Kontamination und Feststellung des Schadbildes keine Niederschläge gefallen sind, ist die Pflanzenanalyse im Speziallabor für die Diagnose zu nutzen.

Windschaden
(ohne Abbildung)

SCHADBILD

Nach starkem, länger anhaltendem Wind oder nach Stürmen sind die jungen Pflanzen mehr oder weniger gleichmäßig nach einer Seite geneigt. Pflanzen im Keimblatt- oder ersten Laubblattstadium werden bei gleichzeitiger Bodentrockenheit durch die an der Bodenoberfläche treibenden Bodenteilchen vor allem am Wurzelhals geschädigt. Es treten an den Anschlagstellen der Bodenteilchen Verbräunungen auf, welche mit Wurzelbrand (Tafel 24) verwechselt werden können. Mitunter brechen die Pflanzen an diesen Stellen um oder ab. Geschädigte Blätter sterben ab. Auch ältere Blätter können umknicken. Ihre Blattspreiten zerreißen, verbräunen bzw. vertrocknen an den Rißstellen.

Schaden durch Wuchsstoffherbizide

SCHADBILD

Durch Einwirkung von bestimmten Wuchsstoffherbiziden infolge falscher Wirkstoffwahl, nicht ordnungsgemäße Gerätereinigung oder durch Abdrift von Herbizidspritzungen auf Nachbarkulturen treten vor allem an jüngeren Pflanzen gegenüber ungeschädigten (1) unterschiedliche Deformierungen der Blätter, aber auch der Vegetationspunkte auf. Die Blattachsen sind gekrümmt (2a), die Blattspreiten unregelmäßig gewellt und vielfach an den Seitenrändern eingerollt. Der Vegetationspunkt kann völlig verunstaltet sein (2b). Geschädigte Pflanzen bleiben in der Entwicklung zurück, können vorzeitig absterben bzw. reagieren mit erheblichen Minderungen des Rüben-, Blatt- und Zuckerertrages.

Schaden durch Mineralöle

SCHADBILD

Bei unsachgemäßem Einsatz von Mineralölen als Kombinationspräparate für die Insektizidspritzungen zur Bekämpfung virusübertragender Blattläuse (Vektorenbekämpfung), besonders bei zu hohen Konzentrationen oder Einsatz bei zu hohen Lufttemperaturen, kann es bei jungen Pflanzen zu mehr oder weniger starken Blattschäden kommen. Sie äußern sich vor allem in Vergilbungen der Blattadern bzw. bestimmter Teile der Blattspreite (3). Obwohl die betroffenen Blätter vielfach vorzeitig absterben, treiben diese Pflanzen in der Regel neu aus, sodaß der Schaden in Abhängigkeit von den Witterungsverhältnissen mehr oder weniger schnell überwachsen wird. Pflanzen, deren Herzblätter stark in Mitleidenschaft gezogen sind, können vorzeitig absterben. Dieses Schadbild kann mit dem durch Rübenherbizide verursachten verwechselt werden (Tafel 1). In der Regel treten die geschädigten Pflanzen flächenhaft auf, sodaß eine Verwechselung dieses Schadbildes mit der Rübengelbnetzkrankheit (Tafel 17) nicht möglich ist.

Nichtparasitäre Umfallkrankheit
(ohne Abbildung)

SCHADBILD

Etwa bis zum 4-Blattstadium der Pflanzen kommt es zu Einschnürungen des Hypokotyls (Halsabschnürung). Das Gewebe ober- und unterhalb dieser ring- oder schwach bandförmigen Verengung wächst weiter. Dadurch stehen die beiden Teile oft nur durch einen Strang von Gefäßgewebe in Verbindung. Bei starkem Wind kann es zum Abreißen der oberen Pflanzenteile kommen, ebenso bei Pflegemaßnahmen.

URSACHE

Die Ursachen für diese, in England auch als „strangles" bezeichnete Erscheinung sind nicht endgültig geklärt. Vermutet wird, daß die Freilegung der bis dahin vom Boden bedeckten Teile des Hypokotyls durch Vereinzeln oder durch Pflegemaßnahmen hiermit in ursächlichem Zusammenhang stehen. Auch Trockenheit und starke Niederschläge, unmittelbar nach dem Vereinzeln sowie nach Pflegemaßnahmen und anfänglich zu dichter Stand der Pflanzen, begünstigen dieses Schadbild.

2

Nachwirkungen von Bodenherbiziden, angewandt zu Vorkulturen

SCHADBILD

Rübenbestände laufen lückig auf, junge Pflanzen bleiben im Wachstum zurück und kümmern vielfach. Die jungen Blätter sind fahlgrün oder fahlgrün-fleckig. Die Blätter älterer Pflanzen sind gegenüber ungeschädigten Blättern (a) deutlich heller und gelbgrün-fleckig (b, c). Auch die gesamte Blattspreite kann gleichmäßig gelbgrün erscheinen. Charakteristisch ist, daß diese Erscheinungen entweder den gesamten Bestand gleichmäßig betreffen oder aber streifenweise im Bestand auftreten. Vielfach sind Vorgewende mehr betroffen als das Bestandesinnere. Mitunter kann das Schadbild mit den Anfangssymptomen einer Infektion mit dem Virus der Milden Rübenvergilbung (Tafel 15) verwechselt werden.

URSACHE

Nachwirkung der Anwendung von Bodenherbiziden zu Vorkulturen, vor allem von Herbiziden aus der Gruppe der Triazine. Die Symptome können sich auch erst zwei bis drei Jahre nach der Herbizidanwendung auf der betreffenden Rübenfläche zeigen. Hierauf haben Pflugtiefe und Witterungsverlauf in den zurückliegenden Anbaujahren, besonders die Niederschlagsverhältnisse einen wesentlichen Einfluß. Bei der Diagnose ist neben der Einzelpflanze auch das gesamte Bestandesbild einzubeziehen. Vielfach bestehen Abhängigkeiten zu der Arbeitsbreite von Acker- und Pflanzenschutzgeräten, zu deren Wendebereich u. a.

Auf jeden Fall ist eine Bodenuntersuchung in einem hierfür ausgerüsteten Speziallabor erforderlich. Eine Analyse aller agrotechnischen Maßnahmen einschließlich der Anwendung von Agrochemikalien in der Fruchtfolge ist einzubeziehen.

Blitzschaden
(ohne Abbildung)

SCHADBILD

Zu verschiedenen Zeiten in der Vegetationsperiode treten in den Rübenbeständen mehr oder weniger kreisrunde Fehlstellen auf, welche einen Durchmesser von etwa 3 bis 15 m besitzen. Auf diesen Flächen sind die Pflanzen entweder sämtlich abgestorben, oder es befinden sich darauf nur einzelne überlebende Pflanzen. Diese werden gelb und kümmern, ebenso die am Rand derartiger Flächen stehenden Pflanzen. Das Schadbild wird häufig erst dann festgestellt, wenn im Zentrum dieser Flächen die Pflanzen bereits abgestorben sind. Die am Rande stehenden Rüben weisen am Rübenkörper Schrumpfungserscheinungen sowie Gefäßverbräunungen auf. Blätter und Rübenkörper können mißgebildet sein.

Schaden auf Mietenplätzen, Strohdiemenplätzen u. a.
(ohne Abbildung)

SCHADBILD

Im Bereich vorjähriger Mietenplätze, Strohdiemenplätze sowie von Zwischenlagerplätzen für organische Düngemittel laufen die Rübenpflanzen nicht oder lückig auf. Zum Teil keimen die Samen nicht. Die Entwicklung der jungen Pflanzen ist deutlich gestört. Neben sehr gut wachsenden Pflanzen finden sich auch solche mit Kümmerwuchs. Der Rübenkörper kann normal ausgebildet sein oder Mißbildungen aufweisen. In der Regel zeichnet sich dieses Schadbild im Bestand flächenmäßig begrenzt ab. Häufig kommt es am Bestandesrand vor.

3

Stauende Nässe

SCHADBILD

In Bodensenken, aber auch großflächig in Lagen mit hohem Grundwasserstand sowie nach langanhaltenden Regenfällen und Überschwemmungen, auf Böden mit Untergrundverdichtungen, im Bereich der Fahrspuren von Bearbeitungsmaschinen, auf denen das Niederschlagswasser längere Zeit stehen bleibt, keimen die Pflanzen nicht oder bleiben unabhängig vom Entwicklungsstadium im Wachstum zurück. Die Blätter vergilben. In späteren Wachstumsstadien können die Vergilbungserscheinungen visuell mitunter mit denen der virösen Rübenvergilbung (Tafeln 15, 16) verwechselt werden (1). Vielfach treten diese Vergilbungen streifenartig im Bestand auf. Zahlreiche Pflanzen des Bestandes sterben in Abhängigkeit von der Dauer des Wassereinflusses ab, sodaß lückige Bestände entstehen. Die Wurzeln werden anfälliger für parasitische Pilze, die Rübenkörper können auf dem Feld verfaulen. Nach Abfluß des Wassers treten mehr oder weniger großflächige Bodenverkrustungen auf.

URSACHE

Durch die langanhaltende Wassereinwirkung kommt es zum Ersticken der Pflanzen, ebenso durch die nachfolgende Bodenverkrustung. Da die nicht abgestorbenen Pflanzen vielfach einzeln innerhalb der von der Staunässe betroffenen Fläche stehen, werden sie bevorzugt durch Blattläuse mit Vergilbungsviren (Tafeln 15, 16) infiziert. Deshalb ist für diese Pflanzen eine entsprechende Differentialdiagnose erforderlich.

Verbrennungen, Verätzungen, Rauchgasschaden

SCHADBILD

Flächenweise, aber auch lokal begrenzt, sowie in der Nähe von Industrieanlagen treten auf den Blattspreiten unregelmäßige, mehr oder weniger umfangreiche Aufhellungen, gefolgt von Nekrosen mit blaßgrünen bis hell- oder dunkelgrünen Verfärbungen auf (2). Betroffene Blätter der verschiedensten Entwicklungsstadien sterben zum Teil vorzeitig ab. Jüngere Pflanzen bleiben klein und gehen mitunter ein. Es entstehen lückige Bestände. Die Wurzeln sind schwach entwickelt. Bei Jungpflanzen kann es zu einem Schadbild kommen, welches mit dem des Wurzelbrandes (Tafel 24) verwechselt werden kann.

URSACHE

Einwirkung von Industrieabgasen, besonders SO_2, Abdrift von ätzend wirkenden Herbiziden benachbarter Applikationsorte, Folge von Kopfdüngergaben in Verbindung mit ungünstigen Witterungsbedingungen. Für die Diagnose sind sämtliche in Frage kommenden Umweltfaktoren zu berücksichtigen. Untersuchung der Pflanzen in Speziallaboratorien.

Bodensäure

SCHADBILD

Bereits bei jüngeren Pflanzen werden die Blätter fahlgrün und rollen sich vielfach von den Rändern her ein (3a). Pflanzen bleiben im Wachstum zurück. Später vergilben die Blätter vollständig (3b).

URSACHE

Die Beta-Rüben reagieren besonders empfindlich auf ungünstige Verschiebung des pH-Wertes im Boden in den sauren Bereich, bedingt durch einseitige Düngungsmaßnahmen oder durch generell zu niedrigen Kalkgehalt im Boden. Die pH-Wert-Erniedrigung kann über Nährstoffestlegung oder -freisetzung zur Ausbildung der beschriebenen Symptome führen (vergleiche hierzu Beschreibung zu Tafel 10). Ohne nähere Analyse spricht man in diesen Fällen von sogenannten „Säureschäden". Für die exakte Diagnose sind entsprechende Boden- und Pflanzenuntersuchungen im Speziallabor erforderlich.

4

Sonnenbrandschaden

SCHADBILD

Bei starker Sonneneinstrahlung und Trockenheit treten an den älteren Blättern, meist von der Spitze her, zunächst gelbliche Verfärbungen auf. In diesen Bereichen trocknet das Blattgewebe schließlich unter graubrauner Verfärbung ein und bricht heraus (1). Derartige Verfärbungen und Vertrocknungserscheinungen können aber auch von den Blatträndern her oder auf den inneren Bereichen der Blattspreite auftreten. Charakteristisch ist, daß das Schadbild an Blättern derselben Pflanze, welche durch darüberliegende Blätter beschattet werden, nicht auftritt. Im Anfangsstadium der Symptomausbildung ist eine Verwechselung mit Symptomen, die durch Infektionen mit dem Virus der Milden Rübenvergilbung (Tafel 15) verursacht werden, nicht ausgeschlossen.

Trockenheitsschaden

SCHADBILD

Bei langanhaltender Trockenheit keimen die Samen nicht, Keimlinge gehen zugrunde, bzw. die Blätter der Pflanzen verschiedenen Entwicklungsstadiums vergilben mehr oder weniger gleichmäßig von den Blatträndern her (2a). In den frühen Morgenstunden können derartige Blätter noch voll turgeszent sein, welken aber im Laufe des Tages. In diesem Stadium ist eine Verwechselung mit dem Schadbild der Milden Rübenvergilbung (Tafel 15) nicht ausgeschlossen. Im fortgeschrittenen Stadium vertrocknet das Blattgewebe von der Blattspitze bzw. von den Blatträndern her (2b). Schließlich sterben die Blätter unter Braunverfärbung ab (2c). Sie liegen auf dem Boden und zerfallen. Da bei Einsetzen feuchterer Witterung die Rübenpflanzen neu austreiben, kann das Schadbild schon innerhalb relativ kurzer Zeit überwachsen sein.

Hagelschaden

SCHADBILD

Nach Hagelschlag sind in der Regel nahezu an allen Pflanzen eines Bestandes oder auf sehr großen Beständen auf mehr oder weniger breiten Streifen die Blätter durchlöchert (3), zerrissen, abgeknickt oder abgeschlagen. Auch die Triebe von Samenträgerpflanzen können umgebrochen sein. An Blattstielen sowie Samenträgertrieben sind deutliche Anschlagstellen zu erkennen, an denen Gewebezerreißungen, Verfärbungen und später Verbräunungen auftreten. In der Regel sind diese Anschlagstellen an der der Windrichtung zugekehrten Seite zu finden. Ähnliche Schäden treten in der Regel auch an den Nachbarkulturen sowie an Unkräutern im Bestand auf. Die geschädigten Pflanzen treiben neu aus.

Schosserbildung
(ohne Abbildung)

SCHADBILD

Bereits im Aussaatjahr von Fabrikrüben treiben die Pflanzen, mehr oder weniger zahlreich im Bestand, blühende Triebe. Die Ausbildung des Rübenkörpers ist erheblich beeinträchtigt. Beeinträchtigt werden hierdurch auch die Erntearbeiten (Schosserrüben).

URSACHE

Die Erscheinung ist in erster Linie auf Kälteeinwirkung in einem frühen Entwicklungsstadium der Rüben zurückzuführen, wobei unterschiedliche Sortenempfindlichkeit vorliegen kann. Auch nicht näher definierte Ernährungsstörungen werden als Ursache vermutet. Schosserbildung kann auch sortenbedingt sein.

5

Frostschaden

SCHADBILD

Bei Auftreten von Temperaturen unter − 4 °C werden die Keimblätter der jungen Pflanzen, aber auch die ersten Laubblätter nach dem Auftauen schlaff und verfärben sich stumpf dunkelgrün (1 a, b), der Keimstengel verbräunt. Vielfach werden die Keimblätter oder die jüngsten Laubblätter braun bis schwarz, trocknen ein und fallen ab (1 c). Auch die Blattspitzen von Samenträgerpflanzen verfärben sich braunschwarz (Schwarzspitzigkeit), werden trocken und brechen ab (1 d). Bei geringen Frostschäden entstehen an den Blättern silbrige, teilweise nekrotische, oberflächliche Flecke.

Im Herbst werden bei Frost bereits gerodete Rüben glasig und wäßrig. Beim Anschneiden nehmen sie eine bräunliche Farbe an. Nach dem Auftauen zersetzen sie sich mehr oder weniger schnell. An den Blättern der im nicht gerodeten Bestand stehenden Pflanzen kommt es zu Welkeerscheinungen sowie zu Gewebezerreißungen.

Beinigkeit

SCHADBILD

Bei der Ernte werden Rüben festgestellt, deren Hauptwurzel mehr oder weniger stark verzweigt oder in anderer Weise verunstaltet ist (2 a, b). Die Körper derartiger Rübenpflanzen sind deutlich kleiner als diejenigen ungeschädigter Pflanzen. Sie nehmen „beinige" Gestalt an.

URSACHE

Als wichtigste Ursache für dieses Schadbild kommen Bodenverdichtungen (auch durch Fahrspuren von Bearbeitungsmaschinen), eine für den Rübenanbau ungünstige Bodenstruktur (Tafel 4) sowie schlecht verrotteter Stallmist im Boden in Frage. Aber auch Fraß verschiedener Insektenlarven an der Wurzel in einem frühen Wachstumsstadium sowie die Anwendung bestimmter Rübenherbizide in Verbindung mit ungünstigen Wachstumsbedingungen werden als Ursachen angesehen.

Panaschierung

SCHADBILD

Vereinzelt im Rübenbestand, mitunter auch in Samenträgerbeständen, können Pflanzen beobachtet werden, deren Blätter unregelmäßige hellweiße Flecke unterschiedlicher Ausdehnung aufweisen (3 a, b). Es kommen an der Pflanze mitunter sogar ganz weiße Blätter vor. Die Blätter sind voll turgeszent und unterscheiden sich im Wuchshabitus nicht von normal grünen Blättern.

URSACHE

Als Ursache hierfür kommen genetische Faktoren in Frage.

Verbänderung
(ohne Abbildung)

SCHADBILD

Besonders einzelne Triebe an Samenträgerpflanzen sind bandförmig verbreitert und brettartig. Derartige Triebe weisen vielfach zahlreiche Seitentriebe, mitunter mit vielen kleinen Blättchen auf. Es können auch einzelne Blattstiele von Fabrikrübenpflanzen brettartig verbreitert und verdreht sein.

URSACHE

Nicht näher bekannte physiologische Faktoren.

6

Stickstoff-Mangel

SCHADBILD

Pflanzen bleiben im Wachstum gegenüber anderen Rübenbeständen mit vergleichbaren Anbaubedingungen zurück. Die Blattspreiten sind kleiner und vielfach schmaler als diejenigen von ausreichend mit Stickstoff versorgten Pflanzen. Die Blattfarbe ist deutlich hellgrün, blaßgrün bis gelbgrün. Die unteren Blätter vergilben schon in einem frühen Wachstumsstadium der Pflanzen, verwelken und vertrocknen. Die übrigen Blätter zeigen einen starr aufrecht stehenden Wuchs (Starrtracht). Mitunter findet man an älteren Blättern zum Teil dunkelrote bis purpurne Färbung vor allem an den Stielen und an den Blatträndern. Auch die Blattzahl pro Pflanze ist gegenüber ausreichend mit Stickstoff versorgten Pflanzen reduziert. Die Blätter der Pflanzen decken im Sommer nicht mehr den Boden.

Stickstoff-Überschuß
(ohne Abbildung)

SCHADBILD

Pflanzen, die unter Stickstoff-Überschuß aufwachsen, sind im allgemeinen stark dunkel- bis blaugrün gefärbt mit kräftigen und breiten Blättern. Sie können erhöhte Anfälligkeit besonders für verschiedene pilzliche Krankheitserreger zeigen. Die Bildung von Zucker im Rübenkörper ist vermindert. Außerdem ist infolge der Anhäufung von Amiden in den Rübenkörpern die Zuckerausbeute erschwert, da 1 Teil α-Aminostickstoff im Fabrikationsprozeß etwa 11 Teile Zucker bindet und am Auskristallisieren hindert. Stickstoff-Überschuß erhöht den Anteil an α-Aminostickstoff.

Phosphor-Mangel

SCHADBILD

Bestände laufen mehr oder weniger lückenhaft aus. Gegenüber vergleichbaren Beständen bleiben die Pflanzen in der Entwicklung zurück. Ihre Blätter zeigen eine typische Starrtracht. Mitunter stehen auch die Blattstiele waagerecht ab, und nur die Blattspreiten sind steil aufgerichtet. Sie sind gegenüber normal mit Phosphor versorgten Pflanzen (1) kleiner und schmaler (2a–c). Die Blattfarbe ist schmutziggrün (2a, b) bis dunkel-olivgrün. Von den Blatträndern geht eine purpurfarbene bis dunkelbraune Randnekrose aus (2a, b). Später vergilben die Blattspreiten und verfärben sich braun (2c). Mitunter können ältere Blätter neben nekrotischen Flecken auch gelbrötliche Verfärbungen aufweisen. Durch Ausbrechen der braunen bis schwarzen Blattflecke können Löcher im Blatt entstehen.

Phosphor-Überschuß
(ohne Abbildung)

SCHADBILD

Phosphor-Überschuß kommt unter Freilandbedingungen kaum vor. Sehr hohe Phosphor-Düngergaben können jedoch Mangel an Mikronährstoffen, z. B. Eisen, Zink u. a., induzieren oder begünstigen, sodaß das Auftreten der dadurch bedingten Schadbilder auch unter dem Aspekt der Phosphor-Überdüngung zu sehen ist. Bei Phosphor-Überschuß werden die Ränder an älteren Blättern durchscheinend weißgrau. Später stirbt das gesamte Blatt ab. Die Gesamtfarbe der Pflanzen ist blaßgrün.

Schwefel-Mangel
(ohne Abbildung)

SCHADBILD

Bei Schwefel-Mangel können die jüngsten, schmaleren Blätter total vergilben. Meist sind die betroffenen Pflanzen kleiner, mitunter kümmerlich entwickelt gegenüber normal versorgten Pflanzen. Die Blattvergilbung kann mit Eisen-Mangelsymptomen verwechselt werden (Tafel 12). Ähnlich wie bei Stickstoff-Mangel (Tafel 7) kommt es zu einer Starrtracht der Blätter. Die Blattform ist relativ schmal.

Schwefel-Überschuß
(ohne Abbildung)

SCHADBILD

Schäden durch Schwefel-Überschuß (Sulfat-Überschuß) im Boden sind selten. Blattsymptome treten nicht auf, jedoch kann die Wuchshöhe der Pflanzen reduziert sein.
Wesentlich bedeutsamer ist der Einfluß erhöhten SO_2-Gehaltes der Luft auf die Rübenblätter, vielfach in Verbindung mit Niederschlägen und dem Einwirkungsbereich von Industrieabgasen. Die hiermit verbundenen Schadbilder sind in dem Abschnitt „Verbrennungen, Verätzungen, Rauchgasschaden" (Tafel 4) dargestellt.

8

Kalium-Mangel

SCHADBILD

Die Blätter sind deutlich wellig, glänzend dunkelgrün, mitunter mit gedrehten Blattstielen. Die Blattspreite ist verschmälert. Bei älteren Blättern bilden sich von den Rändern her braune Nekrosen aus, die zum Teil die gesamten Interkostalfelder erfassen können. Die verbräunten und vertrockneten Nekrosen brechen im fortgeschrittenen Stadium aus. Mitunter können auch auf den Blattstielen braune, eingesunkene Flecke auftreten. Schließlich sterben die verbräunten Blätter ab.

Bei extremem Kalium-Mangel, der allerdings in den typischen Rübenanbaugebieten nicht oder nur sehr selten vorkommen dürfte, kommt es zu Fehlstellen in den Beständen durch den vorzeitigen Zerfall der Rübenkörper (Schwindsuchtsrüben).

Kalium-Überschuß
(ohne Abbildung)

SCHADBILD

Schäden an Zucker- und Futterrüben durch Kalium-Überschuß im Boden sind im Freiland kaum zu beobachten.

Kalium-Düngesalze können jedoch bei Einwirkung auf die Rübenblätter (Abdrift und andere Kontaminationsmöglichkeiten) zu Verbrennungen oder Verätzungen der Blattoberfläche führen (Tafel 4).

Cadmium-Überschuß

SCHADBILD

Cadmium-Toxizität bei Zuckerrüben macht sich schon frühzeitig durch starke Wachstumshemmung der Pflanze mit allgemein chlorotischen Aufhellungen der Blätter bemerkbar. An den jüngsten bis jüngeren Blättern werden vorwiegend Fe-Mangel-ähnliche Chlorosen induziert (a–c). Besonders stark sind an den jüngsten, zum Teil noch nicht ganz entfalteten Blättern braune bis braunschwarze, fleckenartige oder ganzflächige Nekrosen in den Interkostalfeldern ausgebildet (b). Im Vergleich zu anderen Schwermetallen (z.B. Chrom, Quecksilber und Blei) zählt Cadmium im Rahmen der Umweltbelastung zu den schädlichsten Elementen, da in der Regel bereits relativ niedrige Konzentrationen, infolge rascher Verlagerung in oberirdische Pflanzenteile, zu schweren Schäden an Pflanzen führen. Als Quelle der Kontamination der Pflanzen kommen unter anderem Klärschlamm- und Müllkompostdüngung sowie Emissionen durch Heizöl- und Kohleverbrennungsanlagen neben dieselölbetriebenen Kraftfahrzeugen und cadmiumverarbeitenden Industrien in Betracht.

Calcium-Mangel
(ohne Abbildung)

SCHADBILD

Bei Calcium-Mangel ist zu unterscheiden zwischen dem eigentlichen Calcium-Mangel der Pflanze und dem Kalk-Mangel im Boden. Letzterer führt zur Bodenversauerung und damit zum Schadbild der Bodensäure (Tafel 4), verbunden mit einem Komplex von Ursachen, der das Pflanzenwachstum mehr oder weniger negativ beeinflussen kann.

Unzureichende Calcium-Versorgung der Pflanzen führt zunächst zu einer Blaßgrünverfärbung des Blattrandes der jüngeren Blätter. Danach treten dunkelbraune Nekrosen auf. Blätter nach oben kapuzenförmig eingerollt. Die Herzblätter sind deformiert und nekrotisch. Die Blattspreite der inneren Blätter ist stark reduziert und stirbt von der Spitze her ab. Das Wachstum der Hauptwurzel wird reduziert, die Zahl der Seitenwurzeln ist vermindert. Sie werden schleimig.

Calcium-Überschuß
(ohne Abbildung)

SCHADBILD

Calcium-Überschuß bewirkt eine Störung der Chlorophyllsynthese. Die Blätter werden häufig blaßgrün oder verfärben sich gelblich. Durch Calcium-Überschuß wird die Versorgung der Pflanzen mit Phosphorsäure und Mangesium sowie einiger Mikronährstoffe, zum Beispiel Bor, Eisen, Mangan und Zink gefährdet.

Natrium-Mangel
(ohne Abbildung)

SCHADBILD

Nicht ausreichend mit Natrium versorgte Rübenpflanzen zeigen metallisch-dunkelgrüne, dünnere Blätter mit einem purpurfarbenen Anflug auf der Blattunterseite. Die Blattränder kräuseln sich und rollen sich nach oben ein. Es entstehen dunkelbraune Nekrosen an den Blatträndern. Bei trockenem und warmem Wetter welken die Pflanzen, die Blattstiele werden schlaff. Von Natrium-Mangel betroffene Pflanzen zeigen einen gedrungenen Wuchs.

10

Magnesium-Mangel

SCHADBILD

Etwa ab Mitte Juli ist damit zu rechnen, daß in den Rübenbeständen, mehr oder weniger zahlreich, Pflanzen mit chlorotischer Marmorierung der Interkostalfelder an älteren Blättern auftreten (1a). Vielfach beginnt diese Marmorierung bzw. Vergilbung an den Blattspitzen und Blatträndern. In diesem Stadium ist bereits die Verwechslungsmöglichkeit mit den Symptomen der Milden Rübenvergilbung (Tafel 15) gegeben. Die Vergilbung erfaßt bald das gesamte Blatt, wobei in den vergilbten Interkostalfeldern verschieden gestaltete nekrotische Flecke auftreten (1b). Die kranken Blätter sind oft etwas verdickt und brüchig. Im Bereich der Blattadern bleibt das Gewebe, deutlich abgesetzt gegen die vergilbten Interkostalfelder, noch grün (1b).

Mangan-Mangel

SCHADBILD

Mangan-Mangelerscheinungen bei Zucker- und Futterrüben sind in den Zentren des Rübenanbaues vielfach verbreiteter als bisher angenommen wurde.
Die betroffenen Pflanzen zeigen aufrecht stehende Blätter. Diese werden zunächst hellgrün-fleckig bis blaßgrün (2a). In diesem Stadium sind Verwechselungen mit den Symptomen der Milden Rübenvergilbung (Tafel 15) nicht ausgeschlossen. Später erscheinen auf den Blättern tüpfel- bis netzartige, chlorotische Verfärbungen (2b). Sie sind besonders deutlich auf den älteren Blättern ausgebildet („Gelbfleckigkeit"). Dadurch erscheinen diese gesprenkelt. Die Blattränder sind teilweise aufgewölbt. Mit fortschreitender Entwicklung sterben in den chlorotischen Gewebepartien Zellbereiche ab, welche sich braun verfärben und mitunter ausbrechen. Dadurch entstehen auf der Blattspreite kleine Löcher.

11

Mangan-Überschuß

SCHADBILD

Die Beta-Rüben gehören zu den Pflanzen, welche auf Mangan-Überschuß empfindlich reagieren. Beginnend an den Blattspitzen bzw. den Blatträndern treten zunächst Chlorosen und fleckenartige Nekrosen auf (1a). Sie greifen später auf das gesamte Blatt über, wobei sich vielfach die Blattränder einrollen. Ein weiteres Kennzeichen für Mangan-Überschuß sind mehr oder weniger ausgebreitete, dunkelbraune Punkte und kleine Flecke, zunächst an den Rändern älterer Blätter (1b). Hierbei handelt es sich um Braunsteinablagerungen. Es können auch jüngere Blätter betroffen sein.

Eisen-Mangel

SCHADBILD

Die Symptome des Eisen-Mangels sind vor allem an den jüngeren Blättern zu finden. Es können aber auch ältere Blätter betroffen sein. Dabei zeigen die jeweils jüngsten Blätter bei leichtem Mangel zunächst eine gelbgrüne Färbung, die zunehmend in einen zitronengelben bis orangegelben Farbton übergeht. Dabei beschränkt sich die Verfärbung auf die Interkostalfelder. Die Blattadern sind in der Regel grün und scharf gegen das umgebende, vergilbte Blattgewebe abgesetzt (2). Besonders betroffen sind Pflanzen, deren Wurzeln in ihrer Atmungsaktivität beeinträchtigt sind. Auf bestimmten Böden tritt Eisen-Mangel deshalb vor allem nach kaltem, nassem Wetter mit geringer Lichtintensität und nachfolgender warmer und wüchsiger Witterung auf. Auch Trockenheit und kühle Witterung begünstigen das Auftreten von Eisen-Mangel.
Bei anhaltend starkem Eisen-Mangel färben sich die vorerst noch grünen Blattnerven ebenfalls gelb, und in den Zwischenfeldern entstehen braune bis braunschwarze, fleckenartige Nekrosen.
Die Ausbildung von Eisen-Mangel bei Zucker- und Futterrüben ist in den seltensten Fällen auf einen direkten Mangel an Eisen zurückzuführen. Vielmehr ist die Ursache für das Auftreten von Eisenmangelchlorosen in komplizierten Wechselwirkungen zwischen Eisen und anderen Elementen (vorwiegend Schwermetallen) sowie in ungünstigen Boden- und Umweltverhältnissen zu suchen, die zur Inaktivierung der Fe^{2+}-Ionen führen.

Eisen-Überschuß
(ohne Abbildung)

SCHADBILD

Bei Eisenüberschuß sind Sproß-, Blatt- und Wurzelwachstum stark eingeschränkt. Die Blätter sind dunkel- bis blaugrün verfärbt. Bei sehr hohem Eisenangebot vertrocknen die Blätter ohne vorhergehende Farbänderung.

12

Bor-Mangel
(Herz- und Trockenfäule)

SCHADBILD

Vor allem auf humosen Sandböden sowie auf Böden mit stark alkalischer Bodenreaktion erscheinen ab Juli, verstärkt im August, die Symptome dieser Mangel-Krankheit. Die Herzblätter sitzen infolge Wachstumshemmung und eines gestauchten Wuchses sehr eng und dicht. Sie verfärben sich schwarz bis braunschwarz und sterben ab (a). Später breitet sich die Schwarzverfärbung auch auf die älteren Blätter sowie auf den Rübenkopf und den Rübenkörper aus. Beim Aufschneiden des Rübenkörpers (auch bei Futterrüben und Beta-Rüben-Stecklingen) findet sich unterhalb der schwarzen, abgestorbenen Herzblätter ein mehr oder weniger ausgedehnter, dunkelbraun-schorfiger Hohlraum (b). An der Innenseite der Stiele noch grüner Blätter treten pustel- oder schorfartige Erhebungen auf, die grau bis dunkelbraun verfärbt sind. Sie reißen unter Austritt einer sirupähnlichen Flüssigkeit narbig auf (c). Ende August bis in den September hinein findet man in Beständen, die unter Bor-Mangel leiden, zahlreiche Pflanzen mit trockenfaulen, schwärzlichen Innenblättern, welche von einem Kranz mehr oder weniger schlaff herabhängender, grüner bis gelbgrüner Blätter umgeben sind. Bei feuchten Witterungsbedingungen kommt es zur Ausbildung neuer seitlicher Blattkränze am Rübenkopf.
Beim Querschnitt durch den Rübenkörper erkennt man Verbräunungen der Gefäßbündelringe (d). Von hier geht das zur Trockenfäule führende Absterben des Rübengewebes aus. Die Trockenfäule ist besonders gefährlich für Futterrüben und Stecklinge. Sie führt zu erheblichen Lagerverlusten sowie Qualitätsminderungen. Auch im Längsschnitt kann an den Rübenkörpern die Gefäßverbräunung erkannt werden (e).

Chlor-Mangel
(ohne Abbildung)

SCHADBILD

Chlor-Mangel äußert sich durch Wellung und Aufwölbungen der Blattränder sowie Welkeerscheinungen. Zwischen den Blattadern treten Aufhellungen des Blattgrüns auf. Es kann zu Wachstumshemmungen kommen, welche mitunter mit einer Gelbfleckigkeit an den jüngeren Blättern verbunden sind. Im fortgeschrittenen Stadium des Chlor-Mangels verfärben sich die Blätter purpur-bronzefarben und weisen Nekrosen auf.

Chlor-Überschuß
(ohne Abbildung)

SCHADBILD

Die Blattränder werden fleckig chlorotisch und sind aufgerollt. Später treten bevorzugt an den Blattspitzen und -rändern sowie im Bereich der Blattnervatur braune Nekrosen auf.

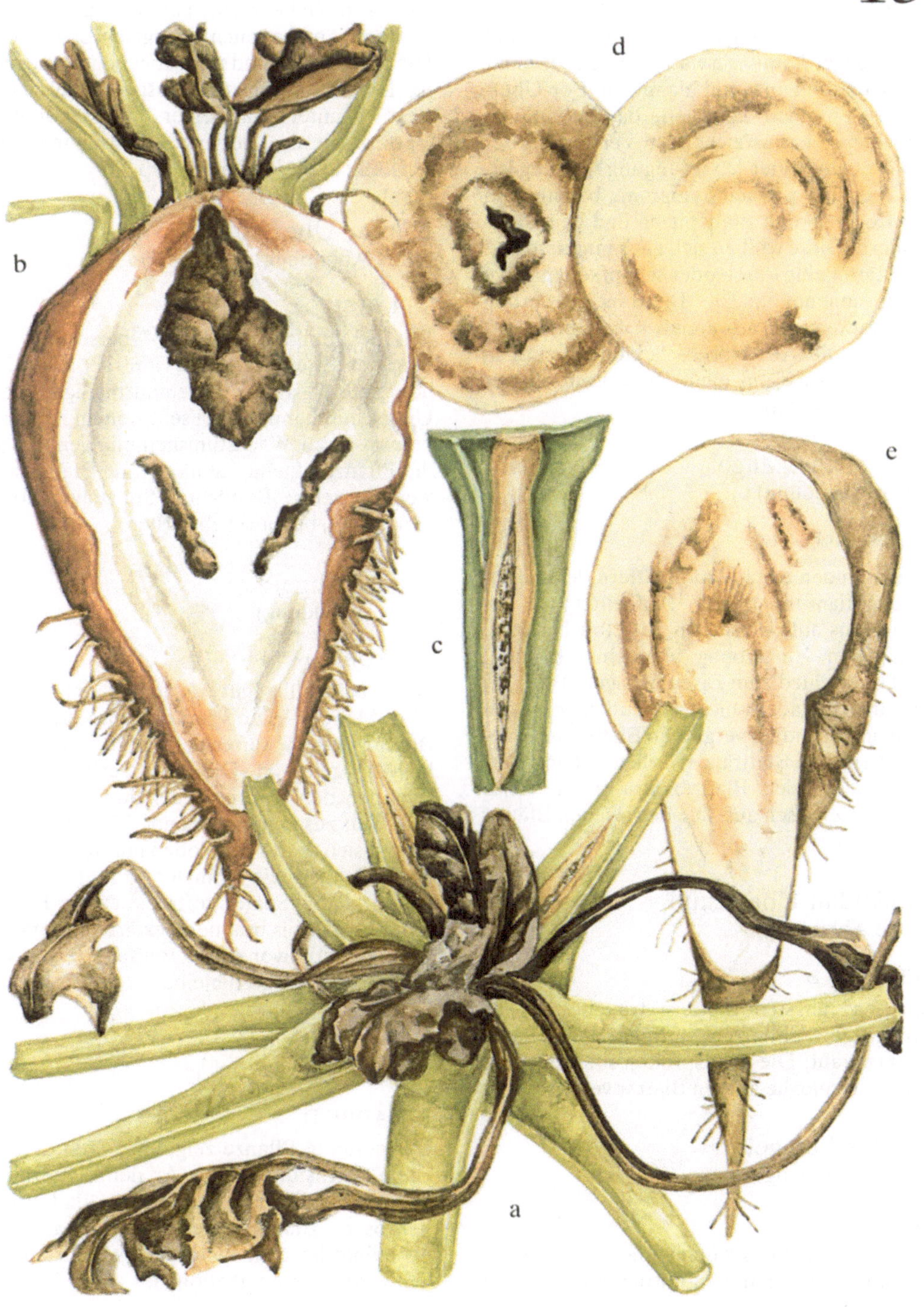
d
b
c
e
a

Bor-Überschuß

SCHADBILD

Bei einer Bor-Düngung auf Standorten mit
Bor-Mangel kann es relativ schnell zu einer
Bor-Überdüngung und damit zu Bor-Über-
schußsymptomen kommen, da die Spanne
zwischen einer ausreichenden Versorgung der
Pflanzen und einer Überdüngung sehr eng ist.
Die hierfür typischen Symptome beginnen in
der Regel an den Blattspitzen und den Blatträndern. Diese wölben sich nach innen, so daß
die Blätter eine löffel- oder schöpfkellenartige
Form annehmen. Die Blattränder werden
gelbweißbraun, verbräunen später und sterben ab. Die Absterbeerscheinungen sind in
der Folge auch auf allen Blattspreiten einer
Pflanze zu finden.

Molybdän-Mangel
(ohne Abbildung)

SCHADBILD

Schon an den ersten Laubblättern der jungen
Rübenpflanzen treten Aufhellungen des
Blattgrüns auf, welche bis zu gelblicher bzw.
weißgelber Verfärbung übergehen können.
Im Unterschied zum Eisen-Mangel (Tafel 12)
sind die Blattadern nicht so deutlich grün von
dem umgebenden, vergilbten Blattgewebe ab-
gehoben. Die Blattränder rollen sich löffelartig ein. An den Blatträndern treten weißbraune Nekrosen auf. Die betroffenen Blätter
sterben ab.

Molybdän-Überschuß
(ohne Abbildung)

SCHADBILD

An den jüngsten Blättern treten gold- bis
orangegelbe Chlorosen mit bräunlichen Farbnuancen auf. Die Blattspreiten sind teilweise
reduziert und die älteren Blätter verdickt.

Kupfer-Mangel
(ohne Abbildung)

SCHADBILD

Die Symptome des Kupfer-Mangels an Beta-
Rüben beginnen an den mittleren bis älteren
Blättern mit einer hellgelben Marmorierung,
die sich auf die gesamte Blattspreite erstrek-
ken kann. Dabei bleiben die Blattadern grün.
Es kommen aber auch ganz gelbe Blätter vor.
Die Blattränder sind stark abgebogen und wellig. Die Blätter selbst sind insgesamt dünn und
sterben unter grauweißer bis graubrauner
Verfärbung ab. Die langen und dünnen Seitenwurzeln sind auffällig weiß.

Kupfer-Überschuß
(ohne Abbildung)

SCHADBILD

Das Schadbild des Kupfer-Überschusses ist
dem des Eisen-Mangels (Tafel 12) sehr ähnlich, sofern es sich um einen mäßig starken
Überschuß handelt. Bei sehr hohem Angebot
kommt es zu Wachstumshemmungen, wobei
die Pflanzen kleine, dunkelgrüne Blätter aufweisen, welche Rand- und Spitzenvergilbun-
gen zeigen, bevor sie absterben.

Zink-Mangel
(ohne Abbildung)

SCHADBILD

Die Zuckerrübe gilt als mäßig anfällig für
Zink-Mangel. Die gerade ausgetriebenen
Blätter stehen aufrecht und verfärben sich
hell- bis gelbgrün. Die Blattoberfläche weist
zwischen den Adern narbenähnliche, weiße,
zum Teil zusammenfließende Flecke auf. Sie
weiten sich später aus, sodaß nur noch entlang
der Blattadern ein schmaler, grüner Saum erhalten bleibt. Später vertrocknen die Blätter
unter weißer bis brauner Verfärbung („Weißfleckigkeit"), wobei die Blattadern und die
Blattstiele noch grün bleiben.

Zink-Überschuß
(ohne Abbildung)

SCHADBILD

Die gesamte Pflanze zeigt eine Chlorose, sie
ist im Wachstum gestört. An den Blättern zeigen sich rötlich-braune Flecken- und Randnekrosen. Blätter fallen vorzeitig ab. Das
Schadbild ist auch symptomatisch für andere
Schwermetallintoxikationen.

14

Milde Rübenvergilbung

SCHADBILD

Die Symptome der Milden Rübenvergilbung ähneln denen der Nekrotischen Rübenvergilbung (Tafel 16). Daher hat man erst 1958 erkannt, daß zwei verschiedene Erreger an der virösen Rübenvergilbung beteiligt sind.

Ähnlich wie bei verschiedenen Viruskrankheiten anderer Kulturpflanzen wird die symptomatologische Beurteilung der virösen Rübenvergilbung dadurch erschwert, daß Vergilbungserscheinungen durch verschiedene abiotische Faktoren einschließlich Ernährungsstörungen, Befall mit bestimmten pilzlichen Krankheitserregern und anderen Ursachen hervorgerufen werden können (siehe zum Beispiel Tafeln 3, 4, 5, 9, 10, 11, 12, 25). Durch das häufige Vorkommen von Mischinfektionen mit beiden Vergilbungsviren sowie durch das Zusammentreffen mehrerer der genannten Schadursachen wird die Diagnose vor allem im fortgeschrittenen Krankheitsverlauf erheblich erschwert. Dadurch kommt es vielfach zu Fehldiagnosen.

Unabhängig davon, durch welches der beiden Vergilbungsviren eine Infektion erfolgt, treten die ersten kranken Pflanzen nesterweise im Bestand auf. Ihre Blätter sind durch die Anhäufung von Monosacchariden selbst bei trockener Witterung auffallend turgeszent und brüchig.

Im Gegensatz zur Nekrotischen Rübenvergilbung fehlt bei der Milden Rübenvergilbung eine Adernaufhellung auf den jüngsten Blättern als Anfangssymptom. Es treten auf den vergilbten Blättern keine Nekrosen auf. Vielmehr vergilben einzelne ältere und mittlere Blätter von der Spitze beginnend (a). Die Blattadern und das unmittelbar angrenzende Gewebe bleiben grün. Die Vergilbung muß nicht immer deutlich ausgeprägt sein, sondern kann sich auch als schwache, hellgrüne bis gelbe Scheckung äußern, wobei die Adernbereiche grün bleiben. Eine orangegelbe Verfärbung der kranken Blattbereiche (b) und eine spätere Sekundärinfektion durch *Alternaria alternata* [Fr.] Kreissler (Tafel 27) (c) sind besonders typisch (braune, unregelmäßige Flecke am Blattrand und auf den Interkostalfeldern). Vielfach sterben die betroffenen Blätter unter Braunverfärbung ab.

ERREGER

Mildes Rübenvergilbungs-Virus, beet mild yellowing virus (BMYV), virus slabogo poželtenija svekly.

Testpflanzen: Nach persistenter Übertragung durch *Myzus persicae* reagieren mit Symptomen: *Capsella bursa-pastoris, Montia (Claytonia) perfoliata, Sinapis alba* u. a.

Serodiagnose: ELISA

Bei der elektronenmikroskopischen Diagnose können neben den Partikeln des Milden Rübenvergilbungs-Virus Partikeln gefunden werden, die diesen morphologisch ähnlich und im Phloem lokalisiert sind. Es handelt sich dabei um das **Rüben-Cryptic-Virus,** beet cryptic virus, BCrV.

Dieses Virus ist der Erreger einer latenten Infektion von Chenopodiaceen (Zucker- und Futterrüben, Rote Rüben, Mangold, Beta-Wildarten, Spinat u. a.). Ein äußerlich erkennbares Schadbild entsteht nicht. Zur Differenzierung ist die Immunelektronenmikroskopie oder spezifische Präparation erforderlich. Durch Uranylacetat, Ammoniummolybdat (*p*H 5,5) u. a. Kontrastierungsmittel werden nur die Partikeln des BCrV penetriert.

15

Nekrotische Rübenvergilbung

SCHADBILD

Als Primärsymptom der Nekrotischen Rübenvergilbung ist auf den jüngsten Blättern eine Aufhellung bzw. Gelbfärbung der Adern zu beobachten (a). Auf der Blattunterseite sind die Adern häufig eingesunken, so daß ein sogenanntes „Preßmuster" zu erkennen ist (b). Später vergilben die äußeren und mittleren Blätter, wobei der Gelbton im allgemeinen nicht die leuchtende Farbintensität wie bei der Milden Rübenvergilbung erreicht. Die kranken Blattbereiche können durch Hauptadern begrenzt sein. Bald nach dem Vergilben sind auch punkt- oder strichelförmige, rötliche bzw. braune Nekrosen auf den älteren Blättern zu beobachten (c), die ihnen ein bronzefarbenes Aussehen verleihen.

Die Diagnose dieses Krankheitsbildes wird durch die häufig vorkommende zusätzliche Infektion (Mischinfektion) der Pflanzen mit dem Virus der Milden Rübenvergilbung sowie durch das Auftreten der vielfach zum Verwechseln ähnlichen Schadbilder durch bestimmte abiotische Faktoren einschließlich Ernährungsstörungen erschwert (siehe zum Beispiel Tafeln 4, 5, 8, 9, 11, 12).

ERREGER

Nekrotisches Rübenvergilbungs-Virus, beet yellows virus (BYV), virus želtuchi svekly.

Testpflanzen: Das Virus ist semipersistent übertragbar durch Blattläuse oder bedingt mechanisch übertragbar auf:

Chenopodium capitatum

Adernaufhellung, Blattverformung, großflächige Chlorosen auf den Interkostalfeldern, Rotverfärbung der älteren Blätter, starke Wuchsminderung bis zum völligen Absterben.

Chenopodium foliosum

Adernaufhellung, Kräuselung und Nekrosen der Herzblätter, Stauchung und meist vorzeitiges Absterben.

Chenopodium quinoa

Nekrotische Lokalläsionen mit chlorotischem Hof auf den abgeriebenen Blättern.

Montia (Claytonia) perfoliata

Systemische, rot umrandete, nekrotische Flecke und Chlorosen auf den Blättern und Blattstielen.

Tetragonia expansa

Adernaufhellung, Interkostalfelder vergilben, Pflanzen verzwergen.

Serodiagnose: Latextest, ELISA.

a
b
c

Rübenmosaik

SCHADBILD

Bei dieser Krankheit unterscheidet man zwischen Primär- und Sekundärsymptomen. Zunächst sind die Adern der jüngsten Blätter aufgehellt, was besonders im Gegenlicht zu erkennen ist. Später weisen die jungen, mittleren und schließlich auch die älteren Blätter eine Fleckung auf, die im allgemeinen einem typischen Mosaik entspricht, das durch einen unregelmäßigen Wechsel von hell- und dunkelgrünen Blattbereichen gekennzeichnet ist (1). Teilweise kommt es auch zu einer Verbeulung und Kräuselung der Blätter (Kräuselmosaik), die sich jedoch nicht so extrem äußern wie bei der Rübenkräuselkrankheit (Tafel 18).

ERREGER

Rübenmosaik-Virus, beet mosaic virus (BMV), virus mozaiki svekly.
Testpflanzen: Nach Preßsaftinokulation oder nichtpersistenter Übertragung durch Blattläuse reagieren mit Symptomen: *Amaranthus caudatus, Chenopodium amaranticolor, Atriplex hortensis* u. a.
Serodiagnose: Präzipitintropfentest, Latextest, ELISA.

Rübengelbfleckigkeit

SCHADBILD

Die Blätter weisen ein Ringmuster (2) und später großflächige, gelbe Flecken auf. Die Pflanzen bleiben teilweise auch symptomlos, der Erreger ist in der Wurzel serologisch nachweisbar. Die Krankheit ist definitiv bisher nur aus England bekannt, kann jedoch bei der weiten Verbreitung des Pathogens wahrscheinlich auch in anderen europäischen Ländern an Beta-Rüben auftreten.

ERREGER

Tabakrattle-Virus (Tabakmauche-Virus), tobacco rattle virus (TRV), virus pogremkovosti tabaka.
Testpflanzen: Wenige Tage nach Preßsaftinokulation reagieren mit Symptomen: *Nicotiana tabacum, Phaseolus vulgaris*.
Serodiagnose: ELISA.

Rübengelbnetzkrankheit

SCHADBILD

Die Adern der jungen Blätter sind gelblich bis weißlich aufgehellt und erscheinen verbreitert (3). Teilweise beschränkt sich die Adernchlorose nur auf eine Blatthälfte. Eine Verwechselung des Schadbildes mit den durch bestimmte Herbizide (Tafel 1) oder Mineralöle (Tafel 2) verursachten Adernvergilbungen ist nicht ausgeschlossen.

ERREGER

Rübengelbnetz-Virus, beet yellow net virus (BYNV), virus želtoj setčatosti svekly.
Testpflanzen: Das Virus ist persistent übertragbar auf: *Beta vulgaris, Nicotiana clevelandii, Tetragonia tetragonoides* u. a.

1
2
3

Rübenkräuselkrankheit (Wanzenkräuselkrankheit)

SCHADBILD

Infizierte Pflanzen reagieren zunächst mit einer unregelmäßigen Adernaufhellung auf den jüngsten Blättern, die leicht übersehen wird. Das Folgesymptom äußert sich durch ein unregelmäßiges Krümmen und Kräuseln der Blätter (1). Bei schwerer Erkrankung bilden die deformierten Blätter einen mehr oder weniger geschlossenen Schopf („Salatkopf"). Durch das vorzeitige Absterben alter Blätter und die intensive Blattneubildung entsteht ein kegelförmiger Rübenkopf, der besonders im Längsschnitt durch den Rübenkörper zu erkennen ist. Zusätzlich können Hohlherzigkeit und dunkle Verfärbung der Gefäße auftreten. Kranke Pflanzen werden im allgemeinen im Wachstum stark gehemmt.

ERREGER

Rübenkräusel-Virus, beet leaf curl virus (BLCV), virus kurčavosti list'ev svekly.
Testpflanzen: *Beta vulgaris, Chenopodium quinoa, Tetragonia expansa.*

Latente Rosettenkrankheit

SCHADBILD

Die ersten Krankheitssymptome sind Adernaufhellungen, Kräuselungen und Wuchsminderungen der Blätter. Die Spreite der kranken Blätter ist auffallend vermindert (2). Die normal entwickelten Blätter werden in zunehmendem Maße durch kleine, lanzettförmige Blättchen ersetzt. Dadurch bekommt die Pflanze ein büschelförmiges oder rosettenähnliches Aussehen.

ERREGER

Rickettsienähnliche Organismen
Testpflanzen: *Beta vulgaris, Atriplex patula, Chenopodium quinoa, Spinacia oleracea.*

VEKTOR BEIDER KRANKHEITSERREGER

Überträger des Rübenkräusel-Virus und der rickettsienähnlichen Organismen ist die Rübenblattwanze (*Piesma quadratum* Fieb.) (3). Die Adulten sind unmittelbar nach der Häutung hellgrün und später dunkelgrau bis graubraun gefärbt und etwa 2,3 bis 3,5 mm lang. Durch die spezifischen Umweltansprüche des Vektors treten beide Krankheiten nur auf leichten Sandböden auf. Vor dem Erscheinen von Krankheitssymptomen deuten helle, graubraune, punktförmige Flecke an den Blättern auf die Saugtätigkeit der Wanzen hin.

Kräuselschopfkrankheit
(Curly-top-Krankheit)

SCHADBILD

An den jüngsten Blättern hellen sich die Adern auf (a) und schwellen auf der Unterseite knoten- oder warzenförmig an. Die kranken Blätter rollen sich parallel zur Längsachse nach oben oder unten ein (b, c). Sie verfärben sich dunkel, stumpf-grau. Sie erscheinen dick, brüchig bzw. lederartig. Bei massiver Erkrankung treten an den Hauptnerven der Blätter und Blattstiele schwarze, längliche Flecke auf, die dunkle, zähflüssige Phloemexsudattropfen ausscheiden. Nach dem Eintrocknen bleiben auf der Oberfläche dunkle Krusten zurück. Durch eine vermehrte Blattbildung erhält der oberirdische Pflanzenteil ein büschel- bzw. schopfartiges Aussehen. Bei schwerem Verlauf der Krankheit werden verstärkt Faserwurzeln gebildet, so daß der Rübenkörper „bärtig" erscheint. Schneidet man die Wurzel längs oder quer durch, so sind die Gefäßbündel schwarz gefärbt bzw. im Phloem treten Nekrosen auf. Werden Pflanzen im frühen Wachstumsstadium infiziert, gehen sie häufig ein.

ERREGER

Rübenkräuselschopf-Virus (Curly-top-Virus), beet curly top virus (BCTV), virus kurčavosti verchuški svekly.

Testpflanzen: Das Virus wird durch die 2,7 bis 3,8 mm lange Zikaden-Art *Circulifer tenellus* Baker auf zahlreiche Pflanzenarten übertragen, darunter: *Beta vulgaris, Cucumis sativus, Lycopersicon esculentum, Nicotiana tabacum, Phaseolus vulgaris.*

Serodiagnose: Latextest, ELISA.

a
b
c

Rizomania

SCHADBILD

Drei Merkmale der auch als „Wurzelbärtigkeit" bezeichneten Krankheit sind von wesentlicher diagnostischer Bedeutung:
– Wurzelbart (1a)
Durch die Bildung zahlreicher Haarwurzeln entsteht ein Wurzelfilz („Bart"). Im Unterschied zum Befall mit dem Rübenzystenälchen (Tafel 32) ist neben hellen, vitalen Faserwurzeln stets ein größerer Anteil abgestorbener, braunschwarz verfärbter Faserwurzeln erkennbar.
– Verfärbung der Gefäßbündel
Im Längs- und Querschnitt des Rübenkörpers fallen die braun verfärbten Gefäßbündel deutlich auf (1b, c). Im Anfangsstadium der Krankheit kann dieses Symptom auf den unteren Abschnitt der Rübe begrenzt sein. Deshalb ist bei der Probenahme auf vollständige Rodung des Rübenkörpers zu achten.
– Nekrosen und Verfärbungen am Wurzelansatz
Die Zone des Wurzelansatzes zeigt Nekrosen und braune Verfärbungen, die sich in das Innere des Rübenkörpers fortsetzen (1b).
Neben diesen drei Symptomen kann es in seltenen Fällen (und auch nur vorübergehend) zur Ausbildung gelber Fleckungen auf den Blättern längs der Adern kommen (1d). Nesterweises Welken von Zuckerrüben in der Mittagshitze kann ein Hinweis auf die Krankheit sein, wobei eine Verwechselung mit Befallsherden des Rübenzystenälchens (Beschreibung zu Tafel 32) möglich ist.

Das Virus wird durch den weit verbreiteten Bodenpilz *Polymyxa betae* Keskin übertragen. Dieser Pilz ist (ohne Vorhandensein des Virus) im Boden weit verbreitet und überdauert in Form von Dauersporen. Diese sind von kugeliger bis polyedrischer Form und 4,2 bis 5,0 µm groß. Sie lagern sich in Wurzelzellen, hauptsächlich Nebenwurzeln, als Sporenballen mit einer Dauersporenzahl von etwa 4 bis 300 ein (2a, b). Bei der Keimung der Dauersporen wird aus jeder Spore eine primäre, birnenförmige Zoospore freigesetzt. Ihre Größe beträgt 4,5 bis 5,0 µm. Sie trägt 2 Geißeln. Die Zoosporen dringen in junge Zellen der Wirtswurzeln ein. Der Nachweis von *Polymyxa betae* allein läßt nicht auf die Krankheit schließen.

ERREGER

Wurzelbärtigkeits-Virus, beet necrotic yellow vein virus (BNYVV)
Testpflanzen: *Chenopodium quinoa* (chlorotische Lokalläsionen).
Serodiagnose: Gut mittels ELISA möglich, bisher sind keine unterschiedlichen Serotypen bekannt.

Bakterielle Blattfleckenkrankheit

SCHADBILD

Die auch als „Gefäßbündelschwärzung" bezeichnete Krankheit kann Symptome sowohl an Blättern als auch am Rübenkörper hervorrufen. Oberirdisch treten zuweilen Blattflekken sowie Nekrosen an Adern und Blattstielen auf (a, b). Auf den Blattspreiten brechen später die nekrotisierten Gewebeteile heraus. Dadurch erscheinen die Blätter durchlöchert (b). Vielfach vergilben die Blattränder und sterben unter Braun-Schwarz-Verfärbung ab (a). Durch Neuaustrieb der Herzblätter wird das Schadbild oft schnell wieder überwachsen. Der Schaden entwickelt sich vor allem bei feuchter und kühler Witterung gut. Verletzungen der Blattoberfläche begünstigen das Auftreten. Bei Eintritt von warmer und trockener Witterung kommt die Krankheitsentwicklung und -ausbildung zum Stillstand.

Bedeutsamer ist das Schadbild am Rübenkörper, der im Querschnitt ab etwa Juli schwarz verfärbte Gefäßbündel (c) zeigt. Die Schwarzfärbung im Rübenkörper kann auch von oberflächlichen Verletzungen ausgehen.

ERREGER

Pseudomonas syringae van Hall, Syn. *Pseudomonas syringae* pv. *aptata* Brown et Jamieson. Der Erreger bildet durchscheinende, schleimige Kolonien auf Saccharose-Agar. Die Zellen sind gramnegativ und polar begeißelt (Büschel von 1 bis 6 Geißeln).
Zellgröße: 1,3 bis 3,2 µm Länge, 0,4 bis 0,6 µm Breite.

Bakterielle Gefäßnekrose und Fäule

SCHADBILD

Die Gefäßbündel des Rübenkörpers verfärben sich bräunlich bis dunkelbraun (1 b, c) und nekrotisieren. Am und im Rübenkörper können sowohl Naß- als auch Trockenfäulen auftreten. Während die äußeren Partien des Rübenkörpers erhalten bleiben, verwandelt sich das Innere in eine schmierige, braune oder trockenfaule, dunkelbraune Masse. In der Regel beginnt die Fäule am Kronenende und kann sich bis in die Wurzelspitze fortsetzen („Rübenschwanzfäule") (1 a, b). Oft sind die äußerlich intakten Rüben ausgehöhlt (1 c). Zuweilen treten auch schwarze Läsionen auf den Blattstielen auf.

ERREGER

Erwinia carotovora subsp. *betavasculorum* Thomson et al. (möglicherweise stellen die Erreger eine Gruppe dar!). Die Zellen reagieren gramnegativ und sind peritrich begeißelt.
Zellgröße: 1,0 bis 3,0 µm Länge, 0,5 bis 1,0 µm Breite. Die Entwicklung des Erregers wird durch feuchte und nasse Standorte begünstigt, vor allem, wenn Temperaturen von etwa 25 bis 30 °C herrschen.
Biotest: Durch Insertion von kleinen Gewebestücken aus kranken Rüben in das Kronenende von Zuckerrübensämlingen lassen sich bei 25 bis 30 °C die Symptome reproduzieren. Innerhalb von 3 bis 21 Tagen stirbt die Mehrzahl der inokulierten Pflanzen ab.

Rübenschorf

SCHADBILD

Am Rübenkörper treten innerhalb der Bodenoberfläche schorfige, braun verfärbte Bezirke auf (2 a), die häufig in der weiteren Entwicklung zusammenfließen und einen Gürtel bilden (2 b) („Gürtelschorf"). Infolge Gewebeschrumpfung kommt es zu tiefen Rissen und Zerklüftungen. Bei diesem Schadbild bleiben Rübenkopf und -schwanz in der Regel befallsfrei. Bei der Ernte brechen Rüben, bei denen die Einschnürungen bis tief in den Rübenkörper hineinreichen, leicht ab.
Für den „Pustelschorf" sind kleinere, meist längliche oder rundliche, dunkelbraune, erhabene Schadstellen typisch (2 c), die durch Hypertrophie der Lentizellen entstehen. Zum Teil fließen die schorfigen Gewebepartien zusammen. Sie sind oberflächlich und trocken. Ein Verfaulen der Rüben wird nicht beobachtet. In der Regel werden nur einzelne Pflanzen im Bestand von der Krankheit betroffen. Gelegentlich bilden sich kleine, braune Knoten an den Seitenwurzeln.

ERREGER

Die Erreger gehören zu den Actinomyceten. Bei dem „Gürtelschorf" handelt es sich um unterschiedliche *Actinomyces*-Arten, bei dem „Pustelschorf" um *Streptomyces „scabies"* (Thaxt.) Waksman et Henrici. Ihr Auftreten wird durch ungünstige Standortverhältnisse (Verkrustungen der Bodenoberfläche, *p*H-Wert) gefördert.

1b
1c
1a
2a
2c
2b

Wurzelkropf

SCHADBILD

Am Rübenkörper treten auffällige Wucherungen auf, deren Oberfläche mehr oder weniger zerklüftet erscheint (1a, b, c). Diese Tumoren erreichen beachtliche Größen und zum Teil mehr Masse als der eigentliche Rübenkörper. Verdickungen an den Blattstielen und Blatträndern sowie Deformationen an den Blattspreiten sind selten. Der Zuckergehalt in dem betroffenen Rübengewebe ist erheblich niedriger als im gesunden Teil des Rübenkörpers. Meist zerfällt das Tumorgewebe noch vor der Ernte, vor allem bei feuchtem Wetter, so daß der Schaden zur Ernte nicht mehr nachweisbar ist.

ERREGER

Agrobacterium tumefaciens (Smith et Townsend) Conn., (Bodenbakterium) bildet auf künstlichen Medien (Nähragar) glänzende, weiße, durchscheinende, runde Kolonien.
Zellen mit bis zu 5 peritrichen Geißeln. Ausnahmsweise auch nicht bewegliche Varianten. Gramnegativ.
Zellgröße: 1,0 bis 3,0 µm Länge, 0,4 bis 0,8 µm Breite.
Die Bakterien sind nur an den Übergangsstellen vom Tumorgewebe zu den gesunden Teilen des Rübenkörpers nachweisbar. Das Tumorgewebe selbst ist bakterienfrei.
Biotest: Der Erreger kann im Boden durch den „Möhrenscheiben-Test" nachgewiesen werden. Möhrenscheiben werden in feucht zu haltende Bodenproben eingebracht. Nach ca. 1 Woche sind auf den Möhrenscheiben makroskopisch Tumoren zu erkennen.

Tuberkulose der Beta-Rübe

SCHADBILD

Am Kopf der Rübe (selten an Blattstielen und Wurzeln) entstehen zerklüftete Knötchen oder Pocken mit einem Durchmesser von 1 bis 3 cm (2a, b). Die Wucherungen können auch größere Ausmaße annehmen, so daß das äußere Bild weitgehend dem Wurzelkropf gleicht. Im Gegensatz dazu sind jedoch im Inneren der Wucherungen (beim Aufschneiden) kleine, wasserdurchsogene, gelblich-braune Bereiche (Kavernen) zu finden. Vielfach erstrecken sich die Faulstellen bis tief in den Rübenkörper hinein. Knötchen- oder pustelartige Wucherungen können mitunter auch an Blattstielen und Seitenwurzeln beobachtet werden. Im Bestand sind in der Regel nur Einzelpflanzen von der Krankheit betroffen.

ERREGER

Xanthomonas beticola (Smith et al.) Săvulescu (Erreger nicht eindeutig beschrieben, deshalb ist die taxonomische Position unklar!).
Bildet auf Saccharose-Agar gelbgefärbte Kolonien.
Der Erreger dringt über Verletzungen in den Rübenkörper ein. Sein Auftreten ist in der Regel an feuchte Standorte gebunden.

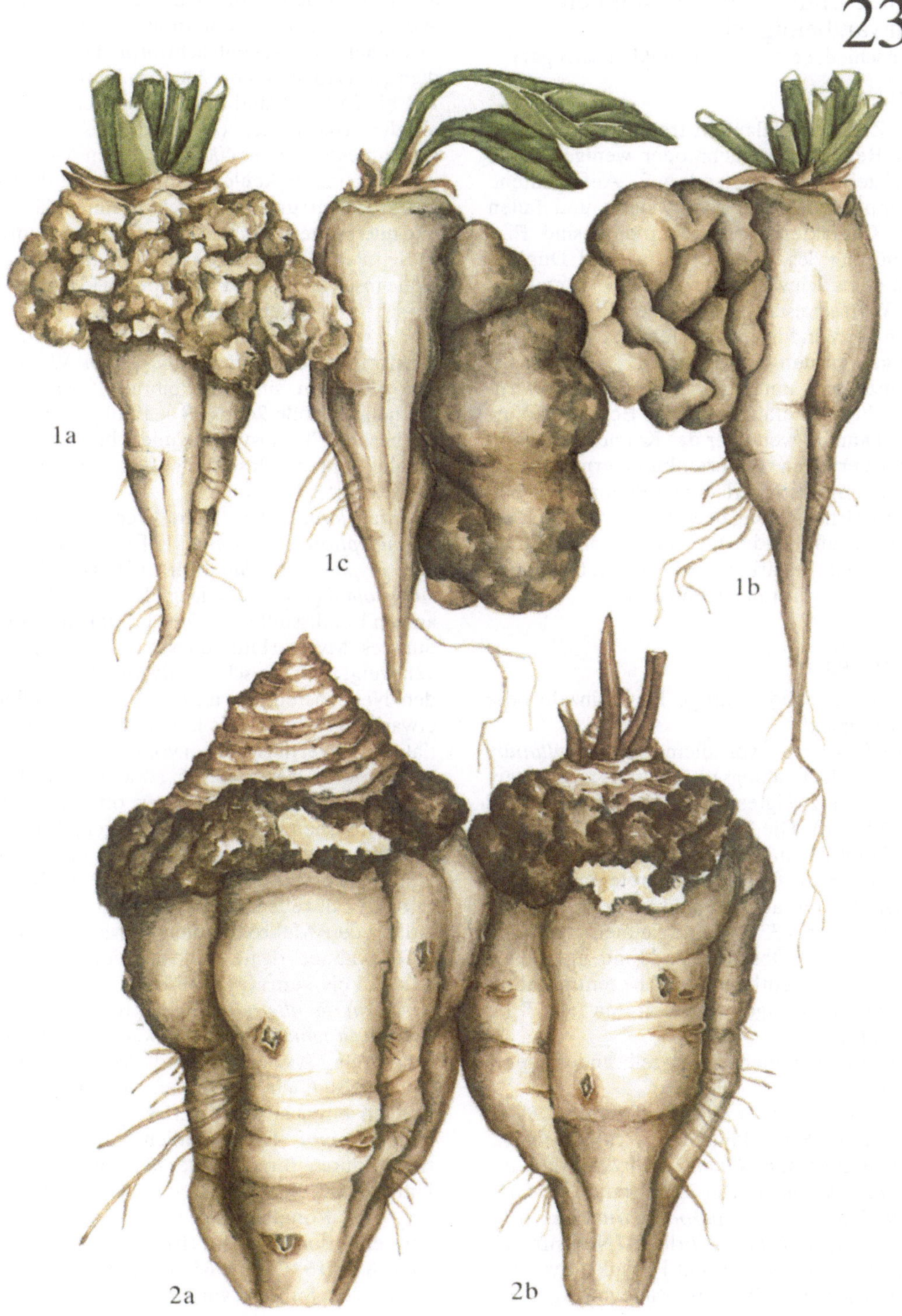

Wurzelbrand (Umfallkrankheit, Schwarzbeinigkeit)
(Verschiedene pilzliche Krankheitserreger)

SCHADBILD

Zur Zeit des Auflaufens treten Fehlstellen in den Reihen oder mehr oder weniger große Kahlstellen im Bestand auf. Aufgelaufene Keimpflanzen vergilben, welken und fallen um. Charakteristische Symptome sind Einschnürung des Hypokotyls (a) und Dunkelbraun- bis Schwarzverfärbung der Wurzel und des Wurzelhalses (b). Erkrankte Pflanzen brechen bei Wind leicht ab (siehe auch Beschreibungen zu den Tafeln 1 und 2). Die ganze Pflanze wird unter den Keimblättern zwirnartig dünn (Umfallkrankheit). Befall der Wurzeln kann bis weit über das Keimblattstadium hinaus erfolgen. Pflanzen kümmern und sterben häufig ab. Überlebende Pflanzen bleiben in ihrer Entwicklung beeinträchtigt. Ihre Blätter sind auffallend hell verfärbt. Solche Pflanzen bilden verstärkt neue Wurzeln, die jedoch schon bald verbräunen und faulen.

ERREGER

Verbreitete bodenbürtige Pilze einzeln oder im Komplex:
– *Pythium* spp., vor allem *Pythium ultimum* Trow., bildet anfangs unseptiertes, später septiertes, verzweigtes Myzel (Durchmesser 1,7 bis 6,5 µm). Die Zoosporangien (Durchmesser 12 bis 28 µm) (c) sind endständig, kugelig, oft zugespitzt. Gelegentlich treten auch interkalare Sporen auf. Sie sind tonnenförmig (14 bis 17 x 28 bis 33 µm) und keimen mit Keimschlauch. Die Oosporen sind rund, glatt, dickwandig und enthalten einen zentral abgegrenzten, körnigen Protoplasten (14,7 bis 18,3 µm).
Weiterhin kommen als Wurzelbranderreger in Frage:
Pythium debaryanum Hesse, *Pythium aphanidermatum* (Edson) Fitzpatr., *Pythium elongatum* Matthews, *Pythium intermedium* de Bary, *Pythium irregulare* Buism., *Pythium mamillatum* Meurs, *Pythium paroecandrum* Drechsl.
– *Pleospora betae* Björling (Nebenfruchtform: *Phoma betae* [Oud.] Frank), Syn. *Pleospora björlingii* Bydford, samenbürtig, bildet

als Hauptfruchtform Ascocarpien auf der Wurzelrinde, oft in unmittelbarer Nähe von Pyknidien der Nebenfruchtform. Die Pyknidien (d) (Höhe 200 bis 230 µm, Durchmesser 150 bis 250 µm) sind durchschnittlich kleiner als die Ascocarpien (Höhe 200 bis 600 µm, Durchmesser 260 bis 400 µm). In den Ascocarpien entstehen keulenförmige Asci (85 bis 120 × 7 bis 10 µm) mit je acht braunen, längs- und querseptierten Ascosporen (20,4 × 8,9 µm). In den Pyknidien werden massenhaft hyaline, ovale bis zylindrische Pyknosporen (5 bis 8 × 3 bis 4,3 µm) (e) gebildet.
– *Pleospora herbarum* (Pers.) Rabh. (Konidienform: *Stemphylium botryosum* Wallr.). Die Konidien sind dunkelbraun, oval und stachelig, Größe 24 bis 39 × 19 bis 31 µm (i). Sie besitzen 3 transversale und 1 bis 3 longitudinale Septen. Besonders befallen werden geschwächte Pflanzen.
– *Rhizoctonia solani* Kühn (Perfektstadium: *Thanatephorus cucumeris* [Frank] Donk), Syn. *Hypochnus solani* Prill. et Delacr., *Corticium solani* [Prill. et Delacr.] Bourd. et Galz., an den Befallsstellen starkes, bräunliches oder dunkles Myzel (Durchmesser 6 bis 10 µm), verzweigt mit typisch rechtwinklig abgehenden Nebenästen (f), an den Abzweigstellen etwas eingeschnürt. Es kommen auch sklerotiale Myzelverflechtungen vor (f).
– *Fusarium oxysporum* Wr., bodenbürtig, bildet weißes bis pfirsichfarbenes, oft mit violetten Farbtönen durchsetztes Myzel. Typisch sind die spindel- bis sichelförmigen Makrokonidien (30 bis 40 × 3,5 bis 4 µm) (g). Sie besitzen eine Fußzelle und 3 bis 5 (meist 3) Septen. Außer den Makrokonidien werden massenhaft hyaline, ovale Mikrokonidien (6 bis 15 × 2,5 bis 5 µm) (g) gebildet.
– *Alternaria alternata* [Fr.] Kreissler, Syn.- *Alternaria tenuis* Nees., Schwächeparasit mit septiertem Myzel. Die Konidiophoren des Pilzes sind einfach, kurz oder verlängert. Sie bringen einfache oder verzweigte Konidienketten hervor. Die Konidien sind charakterisiert durch ihre dunkle Färbung und die Untergliederung durch Längs- und Quersepten. Die Konidienform variiert von keulig über elliptisch bis ovoid (h). Größe der Konidien: 8 bis 16 × 20 bis 65 µm, kann in Abhängigkeit vom Substrat variieren.

24

Echter Mehltau
(*Erysiphe betae* [Vanha] Weltzin)

SCHADBILD

Etwa ab Mitte Juli, besonders bei warmer und trockener Witterung, erscheint auf den mittleren und unteren Blättern, vor allem auf der Blattoberseite, mitunter aber auch auf der Blattunterseite ein weißer bis grauweißer, filzig-mehlartiger Myzelbelag (1 a). Stark befallene Pflanzen wirken wie mit Mehl bestäubt. Die Blätter bleiben anfangs noch grün, vergilben und vertrocknen allmählich. In diesem Stadium kann es leicht zu Verwechselungen mit dem Symptombild der Milden Rübenvergilbung (Tafel 15) kommen. Im Myzel werden unter bestimmten Witterungsbedingungen Fruchtkörper (Kleistothezien) gebildet. Man kann sie mit bloßem Auge als kleine, anfangs gelbliche, später schwarze Pünktchen erkennen. Die zunächst nur auf einzelnen Pflanzen auftretende Krankheit breitet sich durch die massenhafte Konidienproduktion des Erregers rasch im Bestand aus.

ERREGER

Erysiphe betae (Vanha) Weltzin, Syn. *Erysiphe communis* Lev., *Erysiphe polygoni* DC. em. Salm., *Microsphaera betae* Vanha. Der Pilz bildet netzartiges bis dichtes, am Untergrund festsitzendes Myzel. Die Konidien (30 bis 50 × 15 bis 20 µm) sind ellipsoid bis zylindrisch und entstehen in kurzen Ketten. Die Kleistothezien (1 b) sind dunkelbraun, rund oder etwas zusammengedrückt (Durchmesser: 80 bis 120 µm). An ihrer Basis befinden sich zahlreiche, unregelmäßig korallenartig verzweigte, am Ansatz braune Anhängsel. In den Kleistothezien werden 3 bis 8 Asci gebildet mit 3 bis 5 Ascosporen. Die Asci sind breit, ellipsoid bis oval geformt (50 bis 70 × 30 bis 50 µm), die Sporengröße beträgt 18 bis 30 × 12 bis 19 µm.

Falscher Mehltau
(*Peronospora farinosa*
[Fr.] Fr. f. sp. *betae* Bydford)

SCHADBILD

Die Herzblätter werden auffällig hellgrün, verdickt, deformiert (2 a), brüchig und sterben schließlich unter Schwarzverfärbung ab. (Verwechselungsmöglichkeit mit Herz- und Trokkenfäule Tafel 13). An älteren Blättern können Symptome auftreten, die der Milden Rübenvergilbung (Tafel 15) ähneln. Auf der Blattunterseite (2 b), später auch auf der Blattoberseite ist ein schmutziggrauer bis grauvioletter Pilzbelag zu erkennen. Das Schadbild tritt bereits im Frühjahr an jungen Pflanzen auf, kann aber auch an älteren Pflanzen, vor allem an Samenträgern beobachtet werden. Im allgemeinen wird junges, noch wachsendes Pflanzengewebe stärker in Mitleidenschaft gezogen als älteres. Ab August ist auch Befall von Pflanzen der Direktaussaat für die Saatgutvermehrung möglich.

ERREGER

Peronospora farinosa (Fr.) Fr. f. sp. *betae* Bydford, Syn. *Peronospora schachtii* Fuckel. Der Pilz überwintert in Form von Oosporen im Boden, die im Frühjahr durch Regen auf Pflanzen gelangen und dort keimen. Durch die Spaltöffnungen der Blätter wachsen aufrechtstehende Konidienträger nach außen, welche massenhaft Konidien bilden. Das Myzel besteht aus unseptierten Hyphen. Es bildet in den Wirtszellen verzweigte Haustorien. Die Konidienträger (190 bis 550 × 6 µm) bestehen aus einem Hauptstamm und 6 bis 8 undeutlichen dichotomen Verzweigungen (12 bis 20 x 3 µm) (2 c). Diese verjüngen sich, mitunter rechtwinklig. Die Konidien sind hellbraun bis violett und ellipsoid (21 bis 27 × 16 bis 19 µm). Auf älteren Blättern und den Blüten der Samenträger werden reichlich Oosporen (Durchmesser: 30 bis 36 µm) gebildet.

1b
2b
2c
2a
1a

Cercospora-Blattfleckenkrankheit
(*Cercospora beticola* Sacc.)

SCHADBILD

Mit Beginn des Sommers treten auf den Blattspreiten kleine, runde Blattflecke auf mit einem Durchmesser von etwa 2 bis 3 mm. Sie haben einen roten bis braunen Rand (1a, b). Später nimmt die Zahl der Flecken so zu, daß schließlich das gesamte Blatt betroffen ist und vertrocknet (1d).
Bei feuchtem Wetter entstehen auf den Flecken – als dunkle Pünktchen sichtbare – Büschel von Konidienträgern und ein grauer, filziger Myzelbelag. Bei starkem Befall können alle Blätter der Pflanze vernichtet werden. Die neugebildeten Blätter werden ebenfalls befallen. Dadurch kommt es zu einer Verlängerung des Rübenkopfes.

ERREGER

Cercospora beticola Sacc. bildet unverzweigte, gestreckte oder leicht gekrümmte, blaßbraune, gekniete Konidienträger (30 bis 105×4 bis $6\,\mu m$). Am oberen Ende der Konidienträger befindet sich ein dunkler Fleck (Durchmesser: 1,5 bis 2,5 μm), die konidiale Narbe. Die Konidien sind keulen- bis spindelförmig und werden einzeln gebildet (1c). Sie sind hyalin, glatt und durch 4 bis 16 Septen untergliedert (meist 6 bis 10). An der Basis der Konidien befindet sich eine verdickte Stelle (40 bis $160 \times 3,5$ bis $4,5\,\mu m$). Die Konidien werden durch Wind und Regen verbreitet. Die größten Konidienmengen treten an warmen und trockenen Tagen, die auf Regen oder nächtlichen Taufall folgen, auf.

Ramularia-Blattfleckenkrankheit
(*Ramularia beticola* Fautr. et Lamb.)

SCHADBILD

Bei feuchter und kühler Witterung treten etwa ab Mitte August auf den Blattspreiten graue bis bräunliche Blattflecke auf (Durchmesser bis etwa 10 mm). Im fortgeschrittenen Stadium sind sie etwas eckig und besitzen einen mehr oder weniger deutlichen, braunen Rand (2a, b). Das Innere der Flecke bleicht weißgrau aus, kann später ausbrechen, so daß die Blätter zerrissen erscheinen. Auf den Flecken ist ein weißlicher Myzelbelag erkennbar. Bei starkem Befall Absterben der betroffenen Blätter.

ERREGER

Ramularia beticola Fautr. et Lamb. Der Pilz erzeugt büschelige, kurze, farblose bis dunkle Konidienträger, auf denen farblose, zylindrische, meist zweizellige Konidien in kurzen Ketten entstehen (2c). Die Konidien sind an den Enden zugespitzt (8 bis 15×5 bis $15\,\mu m$) (2c), mitunter auch birnenförmig. *Ramularia*-Befall beginnt nur unter feuchten Bedingungen (relative Luftfeuchtigkeit über 95 %). Der Pilz entwickelt sich bei 17 °C optimal, kann aber auch bei niedrigeren Temperaturen wachsen.

25

26

1b

1c

2b

2c

1d

1a

2a

Verticillium-Welke
(*Verticillium albo-atrum* Reinke et Berth.)

SCHADBILD

Die ersten Krankheitssymptome treten etwa ab Juli auf. Äußere Blätter welken, vertrocknen und sterben ab. Die Herzblätter verkrümmen und verformen sich zunächst, welken schließlich und vergilben. Charakteristisch ist, daß von den Krankheitssymptomen mitunter nur eine Blatthälfte erfaßt wird (1 a, b). Befall von Samenträgerpflanzen kann zum Vertrocknen ganzer Pflanzenteile führen. Im Querschnitt durch den Rübenkörper sind verbräunte oder geschwärzte Gefäßbündelringe zu erkennen.

ERREGER

Verticillium albo-atrum Reinke et Berth., bildet in Kultur reichlich Konidiophoren (100 bis 300 µm lang). Sie stehen mehr oder weniger aufrecht, sind hyalin und in charakteristischer Weise wirtelig (Wirtelpilz) verzweigt. An jedem Wirtel entspringen 2 bis 5 Nebenäste (Phialiden) (1 c). Ihre Größe variiert (meist 20 bis 30 (50) × 1,4 bis 3,2 µm). Die Konidien werden einzeln am Ende der Phialiden abgeschnürt. Sie sind meist einzellig, gelegentlich zweizellig, hyalin und elliptisch bis unregelmäßig zylindrisch (6 bis 12 × 2,5 bis 3 µm).

Pythium-Gelbsucht
(*Pythium irregulare* Buism.)
(ohne Abbildung)

SCHADBILD

Vorwiegend auf leichten, sauer reagierenden Böden treten in feuchten Senken etwa Ende Juni Pflanzen mit hellgrüner bis gelblich-grüner Verfärbung der älteren Blätter auf. Die Blattadern sind dunkler grün. Die vergilbten Blattpartien werden später nekrotisch und trocknen ein. Schließlich stirbt das ganze Blatt ab. Die Gefäßbündel des Rübenkörpers sind beim Anschneiden braun verfärbt.

ERREGER

Pythium irregulare Buism. Der Pilz bildet unseptiertes, stark verzweigtes Myzel, an den Traghyphen kugelige, 12 bis 14 µm große Zoosporangien. Gelegentlich treten auch interkalare Sporen auf. Neben nierenförmigen, zweigeißeligen, 6 bis 8 µm großen Sporen sind auch kugelige, etwa 12 bis 25 µm große Oogonien vorhanden, in denen frei die 9 bis 22 µm großen, dickwandigen Oosporen liegen.

Alternaria-Blattbräune
(*Alternaria alternata* [Fr.] Kreissler)

SCHADBILD

Etwa ab August treten an den Blättern, vielfach an der Blattspitze beginnend, braune, unregelmäßig umrandete Flecke in den Interkostalfeldern auf (2 a). Später verfärbt sich das betroffene Gewebe schwärzlich (2 b), bricht heraus, so daß die Blätter zerfasert aussehen. Auf den abgestorbenen Gewebepartien tritt bei feuchtem Wetter ein schwarz-grüner, samtiger Pilzbelag auf.

ERREGER

Alternaria alternata (Fr.) Kreissler. (s. S. 78)

Pleospora-Blattfleckenkrankheit
(*Phoma*-Blattfleckenkrankheit)
(*Pleospora betae* Björling)

SCHADBILD

An älteren Blättern und an Samenträgern, kurz vor der Ernte, treten große, bis 20 mm im Durchmesser erreichende, helle Flecke mit dunklen, konzentrischen Ringen auf. Das Blattgewebe zerreißt (3 a, b). Die Flecke sind dunkel eingefaßt und heben sich gegen das noch grüne Blattgewebe deutlich ab. Auf den Flecken sind kleine, schwarze Punkte, die Fruchtkörper des Pilzes (Pyknidien), erkennbar. Bei starkem Befall sterben die Blätter ab.

ERREGER

Pleospora betae Björling (Nebenfruchtform: *Phoma betae* [Oud.] Frank), Syn. *Pleospora björlingii* Bydford (s. S. 78). Bei Befall von Samenträgern (*Pleospora*-Samenstengelfäule) haften die Pyknidien den Samen an und vermögen nach deren Aussaat die Keimpflanzen zu infizieren (Wurzelbrand, Tafel 24).

27

Rübenrost
(*Uromyces betae* Kickx)

SCHADBILD

In Gebieten mit feuchterem Klima treten etwa ab Juli an den mittleren und unteren Blättern, vor allem an der Blattoberseite, mitunter aber auch blattunterseits, kleine, rot-orangefarbene bis bräunliche Pusteln von etwa 1 mm Durchmesser auf. Sie sind von einem hellen Hof umgeben und enthalten rotbraune Sporen (1a–d). Stark befallene Blätter vergilben und sterben ab. Junge befallene Blätter bleiben aufrecht stehen, kräuseln jedoch und vergilben allmählich.

ERREGER

Uromyces betae Kickx, Syn. *Uromyces betae* (Pers.) Lév.
Der Pilz lebt nur auf Beta-Rüben und führt keinen Wirtswechsel durch. Er überdauert den Winter in Form von Teleutosporen (Wintersporen). Sie sind ellipsoid bis kugelig (25 bis 32×28 bis $30\,\mu m$) (1f) und finden sich auf Blattresten, Stecklingen oder am Saatgut. Im Frühjahr bilden sie Basidiosporen aus, die die Rübenblätter infizieren. Es entstehen auf der Blattunterseite kleine, gelbe Spermogonien und kreisförmig angeordnete weiße Aecidien, in denen die kugeligen Aecidiosporen (17 bis 21×23 bis $26\,\mu m$) gebildet werden. Sie besitzen eine farblose, feinwarzige Wand.
Nach der Infektion durch die Aecidiosporen erscheinen die rotbraunen Uredo- oder Sommersporenlager. Die Uredosporen (1e) sind breit ellipsoid bis oval (19 bis 24×26 bis $33\,\mu m$). Bei Beginn des Herbstes entstehen in den gleichen Pusteln die rostroten bis dunkelbraunen Teleutolager.

Fusarium-Welke
(*Fusarium oxysporum* Wr.)

SCHADBILD

Die älteren Blätter welken, vergilben und sterben allmählich ab. Die Herzblätter rollen sich ein (2a, b). Extremer Wechsel von trockener und nasser Witterung begünstigt das Auftreten dieses Schadbildes. Beim Durchschneiden des Rübenkörpers sind die Gefäßbündelringe braunschwarz verfärbt (2c). Befallene Pflanzen gehen in der Regel nicht ein. Sie sind jedoch im Wachstum gehemmt und im Ertrag gemindert.

ERREGER

Fusarium oxysporum Wr. Der Pilz ist bodenbürtig. Er bildet ein weißes bis pfirsichfarbenes, oft mit violetten Farbtönen durchsetztes Myzel auf den befallenen Pflanzenteilen. Typisch sind die spindel- bis sichelförmigen Makrokonidien (30 bis $40 \times 3,5$ bis $4\,\mu m$) (2d). Sie besitzen eine Fußzelle und 3 bis 5 (meist 3) Septen. Außer den Makrokonidien werden massenhaft hyaline, ovale Mikrokonidien (6 bis $15 \times 2,5$ bis $5\,\mu m$) (2d) gebildet. Durch runde, meist rauhwandige Chlamydosporen (Durchmesser: 8 bis $10\,\mu m$), die entweder terminal auf kurzen Seitenästen oder intermediär entstehen, kann der Pilz im Boden überdauern (siehe auch Beschreibung zu Tafel 24).

1a
1e
1f
1c
1d
1b
2d
2a
2b
2c

Grauschimmelfäule

Botrytis-Samenschwärze (*Botrytis cinerea* Pers.)

SCHADBILD

An Samenträgern tritt etwa zur Zeit der Blüte bis zur Samenreife eine Bräunung, später eine Schwärzung der Blüten bzw. der Samen ein. Letztere vertrocknen (1a, b). Befallene Samen sind nicht keimfähig. Bei feuchtem Wetter sind die befallenen Gewebepartien mit einem grauen, stäubenden Pilzbelag (Sporenträgerrasen des Erregers) überzogen. An lagernden Rüben entsteht eine Grauschimmelfäule, ebenfalls mit Pilzbelag bedeckt (1c).

ERREGER

Botrytis cinerea Pers. (Hauptfruchtform: *Sclerotinia fuckeliana* [de Bary] Fuck.). Der Pilz besitzt bäumchenförmige, verzweigte, basal bräunliche Konidienträger (50 bis 150 µm groß, 7,5 bis 12,5 µm Träger-Durchmesser), von denen an Sporenmutterzellen mit Sterigmen 1zellige, farblose (in Massen grau erscheinende) eiförmige bis ellipsoide Konidien (9 bis 15 × 6,5 bis 10 µm) abgeschnürt werden (1d). Nicht selten Bildung schwarzer Sklerotien (Hauptfruchtform) mit runzliger Oberfläche (2 bis 7 mm groß).

Rotfäule (Wurzeltöter)

(*Rhizoctonia crocorum* [Pers.] DC.)

SCHADBILD

Auf nassen Böden, nach Wiesenumbruch sowie sandigen oder kiesigen Böden werden bei der Ernte fleckenweise im Bestand Rüben gefunden, deren Körper mit einem lockeren, roten bis dunkelvioletten Pilzmyzel überzogen ist (2a, b). Das darunter liegende Rübengewebe geht in Fäule über. Im Pilzbelag finden sich zahlreiche, kleine, dunkelrote bis schwarze Knötchen.

ERREGER

Rhizoctonia crocorum (Pers.) DC., Syn. *Rhizoctonia violacea* Tul. mit der Hauptfruchtform *Helicobasidium purpureum* Pat. Der Pilz tritt überwiegend in der Nebenfruchtform auf, bildet ein rotviolettes Myzel mit schwarzen, warzenartigen Sklerotien, die mit bloßem Auge zu erkennen sind. Diese besitzen eine kompakte, schwarze Rinde und im Inneren ein helles, lockeres Mark.

29

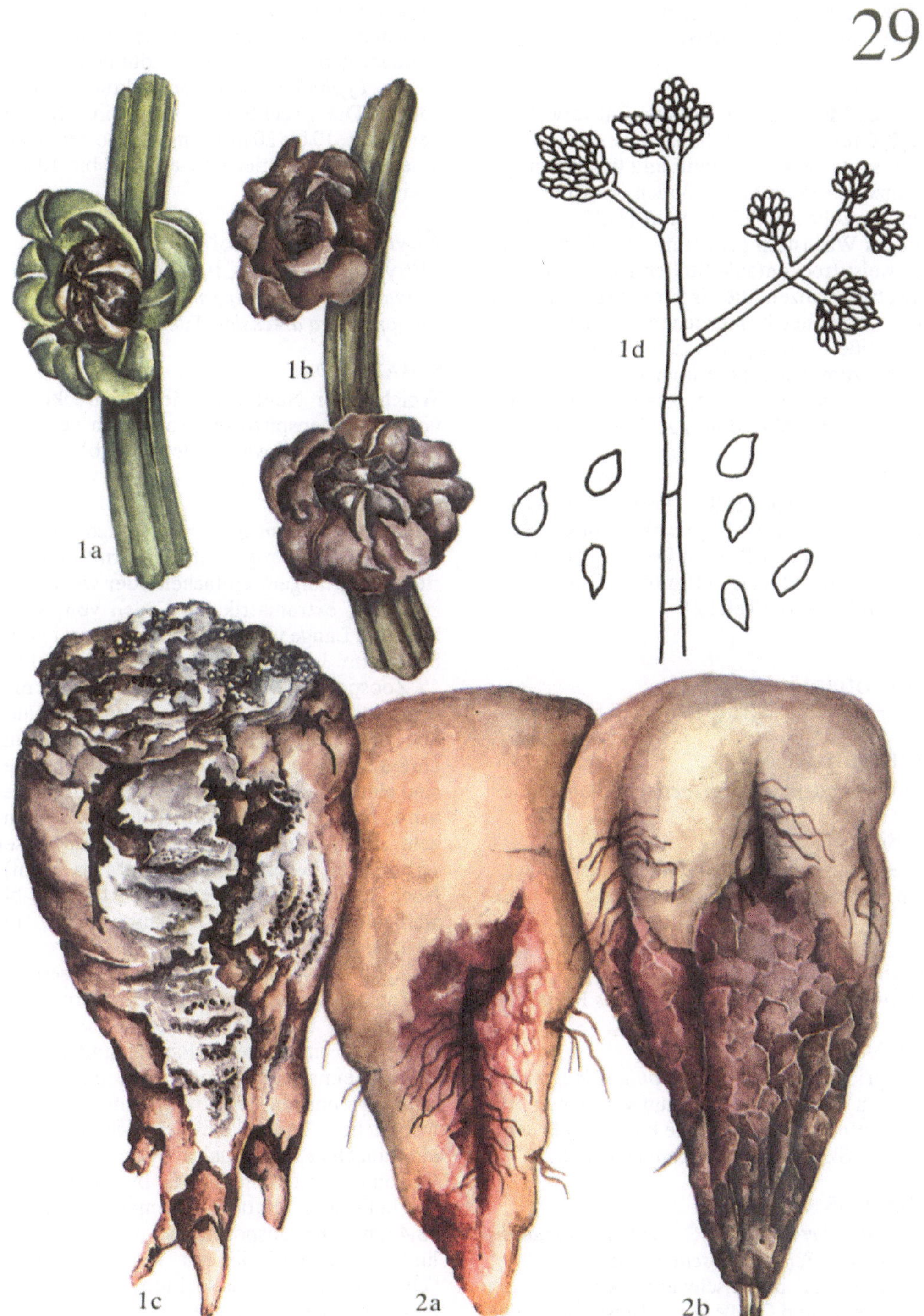

Rhizoctonia-Trockenfäule
(*Rhizoctonia solani* Kühn)

SCHADBILD

Etwa ab Mitte Juni bis Anfang Juli verwelken die Blätter der Rübenpflanzen, verfärben sich gelb, später grau bis braun und liegen um die Pflanze herum auf dem Boden. Nur die kleinen Herzblätter bleiben grün (1a). Pflanzen sind im Wachstum gehemmt. Der Rübenkörper weist trockenfaule Stellen auf, besonders auch bei Pflanzen, die bis zur Ernte überleben (1b). Typisches Kennzeichen dieser Fäule ist der weiße Pilzbelag, mit dem der Rübenkörper bis zum Rübenkopf überzogen ist, und in dem die anfangs hellen, später bräunlichen Dauerorgane (Sklerotien) gebildet werden.

ERREGER

Rhizoctonia solani Kühn (Perfektform: *Thanatephorus cucumeris* [Frank] Donk), Syn. *Hypochnus solani* Prill. et Delacr., *Corticium solani* [Prill. et Delacr.] Bourd. et Galz. Beschreibung vor Tafel 24.

Sklerotienfäule
(*Sclerotium rolfsii* Sacc.); (ohne Abbildung)

SCHADBILD

Entspricht dem von *Rhizoctonia solani* Kühn.

ERREGER

Sklerotienstadium: *Sclerotium rolfsii* Sacc., Syn. *Corticium rolfsii* (Sacc.) Curzi.

Typhula-Fäule
(*Typhula betae* Rostr., *T. variabilis* Riess)

SCHADBILD

Entspricht dem von *Rhizoctonia solani* Kühn. An den faulenden und braun verfärbten Rübenköpfen sind deutlich die kugeligen Fruchtkörper (Sklerotien) zu erkennen (2a, b).

ERREGER

Typhula betae Rostr., *Typhula variabilis* Riess, Syn. *Sclerotium semen* Tode. *Typhula betae* bildet schwarze Sklerotien von der Gestalt und Größe eines Rapssamens. Die

Fruchtkörper wachsen aus den Sklerotien, sind 30 bis 40 mm lang und bestehen aus einem feinhaarigen Stiel und einer dünnen, glatten Keule. *Typhula variabilis* bildet kugelige Sklerotien. Die Fruchtkörper sind einfach oder verzweigt, 10 bis 20 mm lang. Sie bestehen aus einem zottigen Stiel und einer 4 bis 10 mm breiten Keule.

Phytophthora-Naßfäule
(*Phytophthora*-Rübenkörperfäule)
(*Phytophthora megasperma* Drechsler, *Phytophthora drechsleri* Tucker)

SCHADBILD

Weich- oder Naßfäule. Diese erstreckt sich von der Rübenspitze unterschiedlich weit nach oben („Rübenschwanzfäule") (3a, b).

ERREGER

– *Phytophthora megasperma* Drechsler. Die Sporangien sind regelmäßig geformt und entstehen auf langen, einfachen oder wenig verzweigten, extramatrikalen Fäden von 50 µm bis 2 mm Länge und einem Durchmesser von 2 bis 2,5 µm. In jedem Sporangium werden 1 bis 45 Zoosporen gebildet. Sie sind anfangs nierenförmig, zweigeißlig und runden sich später ab (Durchmesser 10 bis 13 µm). Oogonien auf einem Stiel von gewöhnlich 5 bis 15 µm Länge, sind glattwandig, annähernd rund (Durchmesser 42 bis 52 µm). Die Antheridien stehen einzeln, sind unregelmäßig kugelig (Durchmesser 10 bis 18 µm bei einer Länge von 14 bis 20 µm). Nach der Befruchtung entstehen farblose bis weißgelbe Oosporen (Durchmesser 37 bis 47 µm).
– *Phytophthora drechsleri* Tucker., unseptiertes, später septiertes Myzel. Die Sporangien sind ei- bis birnenförmig (24 bis 38 × 15 bis 24 µm), besitzen keine Papille und keimen durch Keimschläuche oder Zoosporen. Die Sporangiophoren sind etwas dünner als die gewöhnlichen Hyphen, meist einfach und tragen ein einzelnes, terminales Sporangium. Die Oogonien sind keulenförmig bis rund, hyalin bis hellbraun, glatt (Durchmesser 21,7 bis 53,4 µm). Die Oosporen sind glatt, rund, hyalin bis zitronengelb mit körnigem Inhalt (Durchmesser 16,7 bis 45,1 µm). Die Antheridien sind unregelmäßig geformt.

90

30

Mietenfäule

SCHADBILD

Meist von Wunden am Rübenkörper ausgehend, verschiedenartige Fäuleschadbilder (1 a, b, 2). Teils geht das Rübengewebe in eine breiige, faulige Masse über, jedoch auch Trockenfäulen werden beobachtet. An den Faulstellen findet sich vielfach ein unterschiedlich gefärbter Belag mit Pilzmyzel. Oft ist das Rübengewebe rissig, fleckenartig eingesunken (*Pleospora*-Kopffäule) (1 a, 2) und dunkelbraun verschorft.

ERREGER

Verbreitete bodenbürtige Pilze oder pilzliche Schwächeparasiten, zum Teil auch bakterielle Krankheitserreger sowie Nematoden, oft im Komplex, vor allem:

– bakterielle Krankheitserreger

Pseudomonas syringae van Hall (Tafel 21),
Erwinia carotovora subsp. *betavasculorum* Thomson et al. (Tafel 22),
Actinomyces spp. (Tafel 22),
Streptomyces „scabies" (Thaxt.) Waksman et Henrici (Tafel 22),
Agrobacterium tumefaciens (Smith et Townsend) Conn. (Tafel 23),
Xanthomonas beticola (Smith et al.) Săvulescu (Tafel 23), weitere nicht näher bestimmte Bakterien-Arten.

– pilzliche Krankheitserreger

Pleospora betae Björling (*Pleospora*-Kopffäule) (Tafel 31, 1 a, b, ferner Tafeln 24, 27),
Botrytis cinerea Pers. (Tafel 29),
Rhizoctonia solani Kühn (Tafel 30),
Typhula spp. (Tafel 30),
Phytophthora spp. (Tafel 30),
ferner

Thielaviopsis basicola (Berk. et Br.) Ferr., bildet als imperfekter Pilz auffällige Endokonidien, die aus dem Inneren von Nebenästen (Phialiden) kettenförmig ausgestoßen werden. Konidien kurz, zylindrisch, farblos, 7 bis 17 × 2,5 bis 4,5 µm groß. Weiterhin werden dunkle, dickwandige Dauerkonidien gebildet, die aus 3 bis 5, häufig auseinanderfallenden, fast rechteckigen Zellen kettenförmig entste-

hen. Gesamte Konidienkette 40 bis 50 × 12 bis 15 µm groß, Einzelkonidie 2 bis 7 µm lang, 10 bis 17 µm breit.

Sclerotinia sclerotiorum (Lib.) de Bary, Sklerotien als Myzelzusammenballungen unregelmäßig geformt, schwarz, schwach runzelig, ungefähr 1 bis 3 cm im Durchmesser. Hauptfruchtform aus den Sklerotien wachsend, Apothecien 4 bis 8 mm Durchmesser, auf 2 bis 5 cm langen, zylindrischen Stielen. Asci mit elliptischen, einzelligen Ascosporen (9 bis 13 × 4 bis 6,5 µm). Paraphysen vorhanden.

Fusarium culmorum (W. G. Sm.), mit kürzeren und dickeren Sichelkonidien als *Fusarium oxysporum* Wr. (Tafel 28), Konidien an den Enden sich plötzlich verjüngend, am Grunde eine Fußzelle aufweisend, oft leicht bräunliche Tönung, 4- bis 9zellig, 30 bis 50 × 5 bis 7 µm groß.
Ähnlich: *Fusarium betae* (Desm.) Sacc., Syn. *Fusarium merismoides* fide Wr.

Rosellinia necatrix Prill. (Nebenfruchtform: *Dematophora necatrix* Hartig), bildet eng beinanderliegende, runde, schwarze, kurzgestielte Perithezien (Hauptfruchtform) von 1 bis 2 µm Durchmesser. In den Perithezien entstehen zylindrische, 8sporige Asci (250 bis 380 × 8 bis 12 µm). Die Ascosporen (30 bis 50 × 5 bis 8 µm) sind gestreckt oder gekrümmt, spindelförmig und dunkelbraun.

Rhizopus nigricans Ehrbg., Syn. *Rhizopus stolonifer* Barron et Ghiretti, bildet auf den Faulstellen dicke Pilzfäden mit schwarzem Köpfchen (mit bloßem Auge erkennbar). Myzel zunächst weiß und wollig, später graubraun bis braunschwarz.
Verschiedene *Penicillium*-Arten, mit einzeln stehenden, seltener büscheligen Konidienträgern. Diese sind charakteristisch pinselartig verzweigt, enden in Phialiden (Nebenästen), die kettenförmig zahlreiche, meist farblose, einzellige, rundliche Konidien abschnüren.
Nematoden-Arten, die an dem Schadbild der Mietenfäule beteiligt sein können:
Ditylenchus dipsaci (Kühn) Filipjev (Tafel 33),
Ditylenchus destructor Thorne (Tafel 33),
weitere, nur durch Spezialisten zu bestimmende saprozoisch lebende Arten.

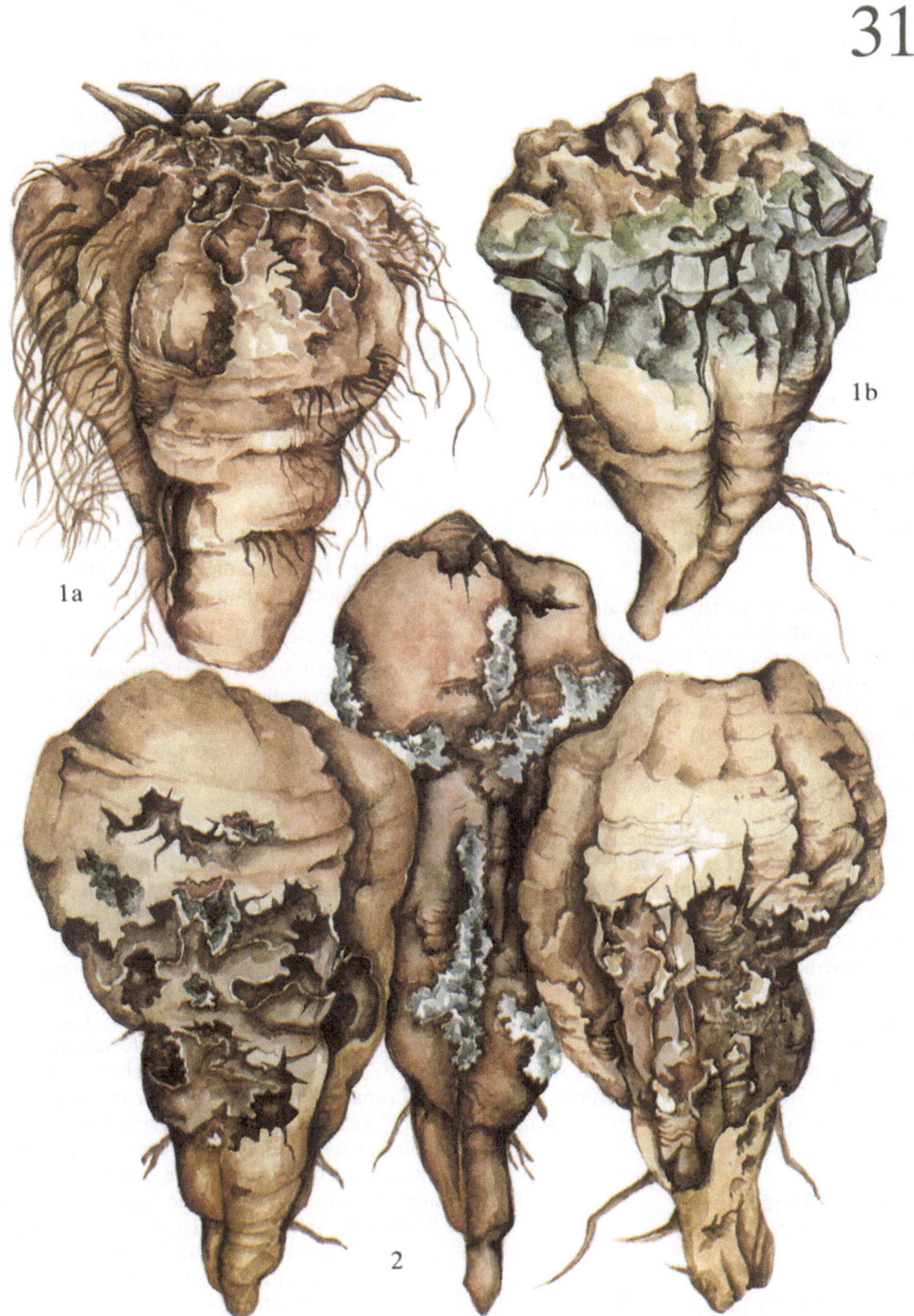

Rübenzystenälchen
(*Heterodera schachtii* Schmidt)
(„Rübenmüdigkeit")

SCHADBILD

Im Bestand nesterweise im Wachstum gehemmte Pflanzen, die bei warmem, trockenem Wetter, vor allem ab Juli, bleich und matt aussehen und welken. Äußere Blätter vergilben, vertrocknen und sterben ab. Der Rübenkörper weist an verschiedenen Stellen viele eng beieinander stehende, stark verzweigte Wurzeln („Bärtigkeit") auf, welche ein struppiges Geflecht bilden (1a). Dieses Schadbild kann mit dem der Rizomania (Tafel 20) verwechselt werden. Zum Unterschied hierzu befinden sich an den Wurzeln viele, etwa 1 mm lange und 0,7 mm dicke, weiße, gelbliche bis braune, zitronenförmige Zysten (1b). In den unter dem Mikroskop zerquetschten Zysten sind die darin enthaltenen Eier erkennbar.

SCHÄDLING

Rübenzystenälchen (Rübennematode) (*Heterodera schachtii* Schmidt).
Die Dauerformen des Rübenzystenälchens, die braunen, zitronenförmigen Zysten, fallen nach abgeschlossener Entwicklung von den Wurzeln ab und überdauern im Boden. Im Frühjahr schlüpfen die jungen Larven und bohren sich in die Pflanzenwurzeln ein. Im Inneren der Wurzeln erfolgt die geschlechtliche Differenzierung. Die Männchen gelangen in den Boden und suchen das zu befruchtende Weibchen auf. Entwicklung des Weibchens in der Wurzel, dabei Anschwellen des Hinterendes, welches schließlich durch Sprengen der Wurzeloberhaut teilweise aus der Wurzel herausragt. Absonderung eines Gallerttropfens, in den das Männchen vom Boden her zur Befruchtung einwandert. Im Körper des Weibchens bis zu 300 Eier. Absterben des Weibchens und Umbildung des Körpers unter Braunverfärbung zu einer zitronenförmigen Zyste.

Wurzelgallenälchen
(*Meloidogyne*-Arten)

SCHADBILD

An den Wurzeln junger, im Wachstum zurückbleibender Pflanzen finden sich Gallen von unregelmäßiger Gestalt und Größe (2a). Sie sind meist rundlich, aber auch spindelförmig und werden mit fortschreitendem Wurzelwachstum ebenfalls größer. An den ausgewachsenen Rübenkörpern sind später die Seitenwurzeln stark angeschwollen und gallenartig verbildet (2b). Auch die Hauptwurzel kann deformiert und mehr oder weniger zerklüftet sein.

SCHÄDLINGE

Wurzelgallenälchen der Gattung *Meloidogyne,* verschiedene Arten, vor allem:
Nördliches Wurzelgallenälchen (*Meloidogyne hapla* Chitwood),
Gramineen-Wurzelgallenälchen (*Meloidogyne naasi* Franklin),
Britisches Wurzelgallenälchen (*Meloidogyne artiella* Franklin).

In Betrieben der Zucker- und Futterrübenzüchtung können die vorwiegend unter Gewächshausbedingungen auftretenden Arten:
Südliches Wurzelgallenälchen (*Meloidogyne incognita* [Kofoid et White] Chitwood),
Erdnußwurzelgallenälchen (*Meloidogyne arenaria* [Neal] Chitwood),
Javanisches Wurzelgallenälchen (*Meloidogyne javanica* [Treub.] Chitwood) die Rübenpflanzen in ähnlicher Weise schädigen.

In den Eiern dieser Arten entwickeln sich die Larven des ersten Stadiums. Als zweites Stadium verlassen sie die Eier mit einer Länge von etwa 0,4 bis 0,5 mm, gelangen in den Boden, indem sie die Gallen verlassen. Sie dringen in die Wurzeln der Wirtspflanzen ein. Das Rindengewebe beginnt zu hypertrophieren. Es entstehen die Wurzelgallen. Die weiblichen Larven schwellen birnenförmig an. Die reifen, birnenförmigen Weibchen befinden sich zunächst vollständig in den angeschwollenen Wurzeln bzw. den Wurzelgallen. Länge etwa 0,5 bis 1 mm, Breite 0,4 bis 0,5 mm. Mitunter wird die Wurzelrinde aufgerissen, das angeschwollene Hinterende ragt heraus. Die Weibchen scheiden gelatinöse Substanzen aus, in die die Eier (bis zu 800) abgelegt werden. Die Generationenzahl im Jahr ist von der Temperatur abhängig.

1b
2a
1a
2b

Stengelälchen
(Stockälchen, Rübenkopfälchen)
(Ditylenchus dipsaci [Kühn] Filipjev)

SCHADBILD

An den jungen Pflanzen zeigen sich Verdikkungen an der Basis der Blattstiele (1a), die Herzblätter, aber auch ältere Blätter, weisen Kräuselungen und Verdrehungen der Blattspreite auf (1b). Der Wuchs der Pflanzen ist gestaucht. Vielfach ist der Rübenkopf gespalten (1a). Ab August sind am Rübenkopf schorfartige, nekrotische Stellen oder Risse zu beobachten. Die Gewebezerstörungen können bis tief in den Rübenkörper hineinreichen („Rübenkopffäule", „Wurmfäule"). Dies ist besonders beim Aufschneiden des Rübenkörpers zu erkennen. Futterrüben werden vielfach stärker in Mitleidenschaft gezogen als Zuckerrüben (1c, d). Derartige Rüben faulen im Lager schnell. Das Schadbild der Rübenkopffäule kann auch an Stecklingen im Verlaufe des Winters bis zur Auslagerung festgestellt werden.

SCHÄDLING

Stengelälchen (Stockälchen, Rübenkopfälchen) *(Ditylenchus dipsaci* [Kühn] Filipjev).
In den mißgebildeten Blattstielen, im Gewebe des Rübenkopfes, aber auch im Rübenkörper an den Übergangsstellen von gesundem zu geschädigtem Gewebe finden sich 1 bis 1,5 mm lange, weißliche Fadenwürmer mit geknöpftem Mundstachel. Sie dringen vom Boden her durch Spaltöffnungen oder Verletzungen des Pflanzengewebes in die jungen Pflanzen bzw. die Rübenkörper ein. Hier erfolgt die Vermehrung. Aus befallenen Pflanzenteilen vermögen die Nematoden wieder in den Boden abzuwandern und können weitere Pflanzen infizieren.

Kartoffelkrätzeälchen
(Ditylenchus destructor Thorne)
(ohne Abbildung)

SCHADBILD

Das Schadbild entspricht dem des Rübenkopfälchens *(Ditylenchus dipsaci* [Kühn] Filipjev).

SCHÄDLING

Kartoffelkrätzeälchen *(Ditylenchus destructor* Thorne).
Die Älchen sind dem Stengelälchen *(Ditylenchus dipsaci* [Kühn] Filipjev) sehr ähnlich, etwa 0,8 bis 1,4 mm lang, schlank und besitzen ebenfalls einen geknöpften Mundstachel (Artdifferenzierung durch Spezialisten).

Wandernde Wurzelnematoden

SCHADBILD

Junge Rübenpflanzen bleiben, vielfach nesterweise, im Wachstum zurück. Starke Reduktion der Seitenwurzelausbildung. An den Wurzelansatzstellen finden sich Verbräunungen und zum Teil geringfügige Verdickungen (2). Seitenwurzeln sterben ab.

SCHÄDLINGE

Verschiedene ektoparasitisch lebende, wandernde Wurzelnematoden-Arten aus den Gattungen *Trichodorus, Paratrichodorus, Longidorus* und *Paralongidorus,* vor allem:
Trichodorus cylindricus Hooper, *Trichodorus primitivus* (de Man) Micoletzky, *Trichodorus viruliferus* Hooper, *Paratrichodorus anemones* (Loof), *Paratrichodorus pachydermus* (Seinhorst) Siddiqui, *Paratrichodorus teres* (Hooper) Siddiqui, *Longidorus attenuatus* Hooper, *Longidorus elongatus* (de Man) Thorne et Swanger, *Paralongidorus maximus* (Bütschli) Siddiqui (u. U. noch andere Arten).
Die Vertreter der Gattungen *Trichodorus* und *Paratrichodorus* sind durch einen hinter der Mitte dreigeteilten und an der Basis verdickten Mundstachel gekennzeichnet, der bogenförmig ausgebildet ist. Vertreter der Gattung *Longidorus* und *Paralongidorus* besitzen einen langen, dolch- oder stilettähnlichen Mundstachel. Während die Trichodoriden eine Körperlänge von 0,6 bis 1,2 mm besitzen, gehören die Longidoriden mit zu den längsten pflanzenschädigenden Bodennematoden mit einer Körperlänge von 1,5 bis 12 mm.
An den Wurzeln von Beta-Rüben können ferner noch Vertreter der Gattungen *Rotylenchus* und *Helicotylenchus* als ektoparasitische Nematoden-Arten gefunden werden (Artbestimmung durch Spezialisten).

33

Gemeine Spinnmilbe
(*Tetranychus urticae* Koch)

SCHADBILD

Vor allem in der Nachbarschaft von Luzerne-
oder Kleebeständen nach deren ersten
Schnitt, aber auch in Zuchtgärten sowie in
Gewächshäusern an Pflanzenzuchtmaterial
treten an den Blättern zunächst kleine, helle,
unregelmäßig geformte, weißliche bis gelbliche oder gelblich-weiße Flecke auf. Sie nehmen später an Umfang zu. Schließlich verfärben sich die Blätter hellgrau, graubraun oder
gelblichbraun und können absterben (1a, b).
An den befallenen Pflanzenteilen sind bereits
mit bloßem Auge, vor allem auf der Blattunterseite, verschieden gefärbte, 0,3 bis 0,5 mm
lange Milben und deren Entwicklungsstadien
zu erkennen (1c, d, e).

SCHÄDLING

Gemeine Spinnmilbe (*Tetranychus urticae*
Koch).
Die Weibchen sind 0,4 bis 0,57 mm (1c), die
Männchen 0,35 bis 0,4 mm lang (1d). Eier,
Larven (1e) und erwachsene Milben finden
sich nebeneinander auf den befallenen Pflanzen. Im Freiland ist mit 6 bis 8 Generationen
zu rechnen. Die Überwinterung erfolgt in den
verschiedensten Verstecken als orangerote
Winterweibchen. Sie kann aber auch in win-
tergrünen Futterpflanzenbeständen ohne
Ausbildung von Winterweibchen in allen Entwicklungsstadien erfolgen, wobei die bewegli-
chen Stadien in der Regel gelbgrün gefärbt erscheinen. Aus diesen Beständen wandern die
Milben nach dem ersten Schnitt in die benachbarten Rübenfelder ab.

Blasenfuß-Arten

SCHADBILD

Ab Ende Juni bis Anfang Juli, besonders bei
warmem Wetter, treten vor allem an den
Blattunterseiten grau gesprenkelte bzw. mehr
oder weniger ausgedehnte, grauweiße Flecke
auf, die vielfach auch bis zur Blattoberseite
durchscheinen (2a). An den Schadstellen
befinden sich kleine, schwärzlich glänzende
Kottröpfchen und etwa 0,7 bis 1,5 mm lange,

schlanke, gelbbraune bis dunkelbraune bzw.
grau- bis schwarzbraune, kurzbeinige Insekten mit zum Teil befransten Flügeln (2b).

SCHÄDLINGE

Verschiedene Blasenfuß-Arten, vor allem:
Zwiebelblasenfuß (*Thrips tabaci* Lind.), Früh-
jahrs-Ackerblasenfuß (*Thrips angusticeps*
Uzel), *Thrips tenuisetosus* Kn., *Frankliniella
intonsa* Tryb., *Hercothrips femoralis* O. M.
Reut. und andere Arten (Bestimmung durch
Spezialisten). Die Larven des wichtigsten Ver-
treters, *Thrips tabaci* Lind., sind hellgelb bis
gelbbraun. Nach Überwinterung an Pflanzen-
resten, an Gräsern und in verschiedenen Verstecken fliegen die adulten Tiere etwa im Mai
zu den Rübenbeständen. Die Eiablage erfolgt
an Blättern und Triebspitzen von Samenträgern. Die Schäden entstehen vor allem durch
die Larven. Verpuppung im Boden.

Weiße Fliege
(Gewächshaus-Mottenschildlaus)
(*Trialeurodes vaporariorum* Westw.)

SCHADBILD

In geschüzten Lagen, vor allem in der Nähe
von Gewächshäusern, können an den Blättern
ovale, hellgrüne, etwa 0,8 mm lange und
0,5 mm breite, beborstete Larven (3a) saugen. Sie finden sich vor allem auf der Blattunterseite, ebenso die bei Berührung leicht ab-
fliegenden, weißbepuderten, etwa 1,5 mm
langen Mottenschildläuse (3b) und deren
kegelförmige Eier (3c). Geschädigte Blätter
kräuseln, sind in der Entwicklung gehemmt
und im Saugbereich der Larven mit klebrigem
Kot bedeckt (Honigtau). Darauf kann es zur
Ansiedelung von „Rußtaupilzen" kommen.

SCHÄDLING

Weiße Fliege (Gewächshaus-Mottenschildlaus) (*Trialeurodes vaporariorum* Westw.).
Die kegelförmigen Eier werden mit dem breiten Ende der Blattunterseite aufsitzend abgelegt. Sie sind zunächst gelblich, vor dem
Larvenschlupf jedoch dunkler. Je nach den
Temperaturverhältnissen werden mehrere
Generationen (im Gewächshaus bis zu 10)
ausgebildet.

34

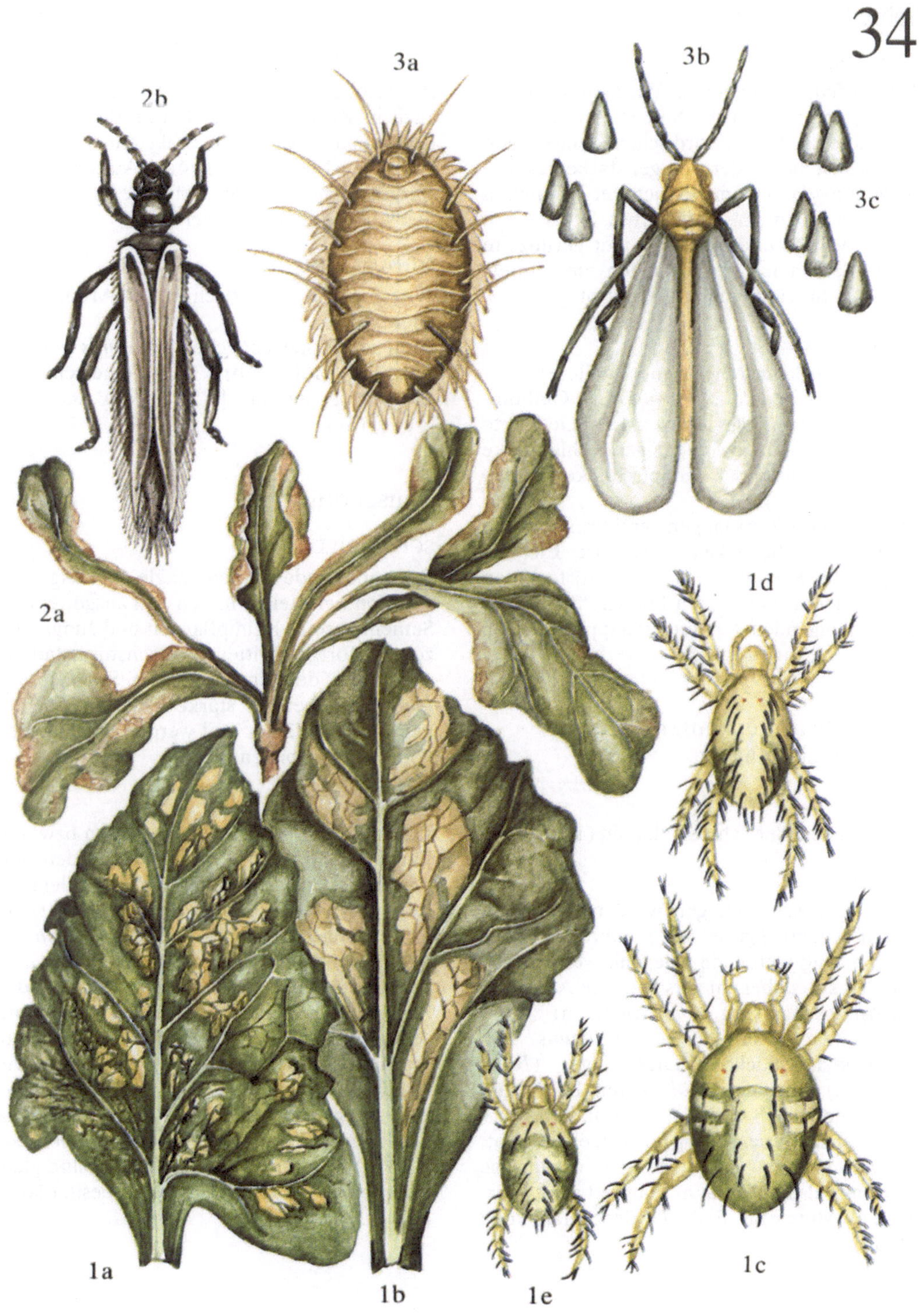

Schnakenlarven

SCHADBILD

Junge Pflanzen bleiben im Wachstum zurück, welken und sterben ab. An den Wurzeln, vor allem aber an den unterirdischen Stengelteilen finden sich mehr oder weniger starke Fraßbeschädigungen (1). Im Bereich der befallenen Pflanzen leben im Boden etwa 3 bis 4 cm lange, walzige und beinlose, quer gerunzelte Fliegenlarven mit Fleischzapfen am Hinterende (2). Sie sind braungrau gefärbt.

SCHÄDLINGE

Larven von Schnaken-Arten, vor allem: Wiesenschnake (*Pales pratensis* L.), Gelbbindige Schnake (*Pales crocata* L.), Gefleckte Schnake (*Pales maculata* Meig.), Kohlschnake (*Tipula oleracea* L.), Sumpfschnake (*Tipula paludosa* Meig.).
Die 1,5 bis 2,5 cm langen, graubraunen und langbeinigen Schnaken legen ihre Eier im August bis September in lockeren, feuchten Boden. Die an den unterirdischen Pflanzenteilen schädigenden Larven verpuppen sich im Juli des folgenden Jahres.

Gartenhaarmückenlarven, Haarmückenlarven

SCHADBILD

Ähnlich dem der Schnakenlarven (1).

SCHÄDLINGE

Die Fraßbeschädigungen werden verursacht durch schmutziggrüne bis graubraune, etwa 16 mm lang werdende Fliegenlarven (3). Es handelt sich dabei um verschiedene Arten der Haarmückengattung *Bibio*, vor allem: Gartenhaarmücke (*Bibio hortulanus* L.), Markus-Haarmücke (Märzenfliege) (*Bibio marci* L.) und andere *Bibio*-Arten. Die Männchen sind etwa 8 bis 9 mm lang und schwarz, die Weibchen ebenso lang und rotgelb gefärbt. Larven bevorzugen verrottende organische Substanz als Lebensraum. Flugzeit in Schwärmen ab Mitte Mai, Eiablage Ende Mai in den Boden.

Schnecken

SCHADBILD

Im Feldbestand in feuchter Lage, mitunter auch in Zuchtgärten, treten an den Blättern unregelmäßig geformte Fraßstellen, meist in Form von Lochfraß auf (4a). Auf den Blattspreiten Schleimspuren. Jüngere Blätter können völlig abgefressen werden.

SCHÄDLINGE

Verschiedene Nacktschnecken-Arten, vor allem:
Genetzte Ackerschnecke (*Deroceras reticulatum* O. F. Müll). (4b), Graue Ackerschnecke (*Deroceras agreste* [L.]), *Milax sowerbyi* [Fér.]) (4c).

Tausendfüßer

SCHADBILD

Rübenbestände laufen ungleichmäßig auf. Auf den Fehlstellen finden sich ausgefressene Samenkapseln. Keimpflanzen und Jungpflanzen im fortgeschrittenen Wachstumsstadium weisen an den unterirdischen Stengelteilen mehr oder weniger starke Fraßbeschädigungen auf (5a). Zum Teil werden die Pflanzen völlig durchgebissen.

SCHÄDLINGE

Im Bereich der geschädigten Samen bzw. der jungen Pflanzen finden sich im Boden verschiedene Tausendfüßer-Arten, vor allem der braun bis schwarzbraun gefärbte, etwa 19 bis 37 mm lange Gemeine Tausendfuß (*Cylindroiulus teutonicus* [Pocock]) (5b) und der hellbraun gefärbte, etwa 8 bis 16 mm lange, an den Seiten rot gepunktete Gemeine Tüpfeltausendfuß (*Blaniulus guttulatus* [Bosc.]) (5c). In feuchten Lagen kann auch der zu den Tausendfüßern gehörende Zwergfüßer (*Scutigerella immaculata* [Newp.]) (5d) erhebliche Schäden in der beschriebenen Weise verursachen. Diese Art ist schmutzig-weiß und glänzend, etwa 5 bis 7 mm lang und besitzt lange Fühler.

2
3
4b
4a
4c
1
5c
5a
5b
5d

Engerlinge

SCHADBILD

Junge Pflanzen welken und sterben ab. Sie lassen sich leicht aus dem Boden ziehen und sind an der Triebbasis an- oder abgefressen (1a). Auch in späteren Wachstumsstadien kann es zu einem ähnlichen Schadbild kommen. Am Rübenkörper finden sich dabei mehr oder weniger tiefe Fraßstellen (1b, 3b). Im Bereich der befallenen Pflanzen im Boden etwa 6 cm lange, gelblich-weiße Käferlarven (1c).

SCHÄDLINGE

Larven verschiedener Käfer-Arten, vor allem: Feldmaikäfer (*Melolontha melolontha* [L.]), Länge etwa 20 bis 25 mm, schwarz mit braunen Flügeldecken, Waldmaikäfer (*Melolontha hippocastani* F.), ähnlich, nur mit knotig verdicktem Körperende. Ähnliche Schadbilder werden durch Engerlinge der verwandten Käfer-Arten:
Gartenlaubkäfer (*Phyllopertha horticola* L.), Junikäfer (Gemeiner Brachkäfer) (*Rhizotrogus* [*Amphimallon*] *solstitialis* L.), Julikäfer (*Anomala dubia* Scop.) (*Anomala aenea* de G.), Getreidelaubkäfer (*Anisoplia segetum* Hbd.) (*Anisoplia agricola* [Poda]) verursacht. Flugzeit der Käfer im Mai, vor allem in den Abendstunden, manche Arten auch erst im Juni. Eiablage ab Mitte Mai bis zu 20 cm tief in den Boden. Larven fressen an den Wurzeln, dem Rübenkörper sowie zum Teil auch an der Triebbasis. Sie überwintern 2- bis 3mal. Die Käfer schlüpfen etwa im August und überwintern im Boden.

Drahtwürmer

SCHADBILD

Ähnlich wie Engerlinge oder Erdraupen fressen an den jungen, aber auch an den älteren Pflanzen gelbbraune, geringelte, bis etwa 25 mm lang werdende Käferlarven mit glattem, hartem Chitinpanzer (3a). Am Rübenkörper wird vielfach ein Bohrfraß verursacht. (3b).

SCHÄDLINGE

Larven von verschiedenen Schnellkäfer-Arten (Drahtwürmer). Für die Artdiagnose der Larven ist vor allem die Ausbildung des Hinterendes von Bedeutung (Bestimmung durch Spezialisten). Wirtschaftliche Bedeutung besitzen: Saatschnellkäfer (Feldschnellkäfer, Humusschnellkäfer) (*Agriotes lineatus* [L.]), Düsterer Humusschnellkäfer (*Agriotes obscurus* [L.]), Garten-Humusschnellkäfer (*Agriotes sputator* [L.]) (3a), Schwarzbauchiger Laubschnellkäfer (*Athous niger* [L.]), *Melanotus brunnipes* (Germ.), Mausgrauer Schnellkäfer (*Lacon murinus* L.) und andere Arten. Die 6 bis 11 mm langen Käfer sind von Mai bis Juli auf den Feldern anzutreffen. Eiablage in den Boden. Die Entwicklungszeit der Larven beträgt 3 bis 5 Jahre. Die Verpuppung erfolgt etwa 10 bis 30 cm tief im Boden. Die Jungkäfer überwintern.

Erdraupen

SCHADBILD

Junge Pflanzen welken und sterben ab. Sie lassen sich leicht aus dem Boden ziehen. Die Triebbasis ist an- oder abgefressen (1a). Vielfach finden sich Fraßbeschädigungen an den auf dem Boden liegenden Blättern. Im Bereich der befallenen Pflanzen finden sich im Boden erdfarbene, graue oder grüngraue Schmetterlingslarven (2), welche vor allem nachts fressen. Sie greifen auch den Rübenkörper an und verursachen hier ein ähnliches Schadbild wie die Engerlinge (1b, 3a), welches vielfach erst bei der Ernte erkannt wird. Stark befallene Bestände werden lückig und weisen Fehlstellen auf.

SCHÄDLINGE

Die Larven verschiedener, zu den Eulen gehörender Schmetterlingsarten:
Wintersaateule (*Scotia* [*Agrotis*] *segetum* Schiff.), Ausrufezeichen (*Scotia* [*Agrotis*] *exclamationis* L.), Ypsiloneule (*Scotia* [*Agrotis*] *ipsilon* Hufn.). Die graubraunen bis braunen charakteristisch gezeichneten Falter fliegen etwa von Mai bis Juli und Juli bis Oktober. Eiablage in den Boden. Die grauen bis graubraunen oder grüngrauen, nackten Larven (2) finden sich tagsüber zusammengerollt im Boden oder in den Fraßstellen am Rübenkörper. Verpuppung im Boden.

36

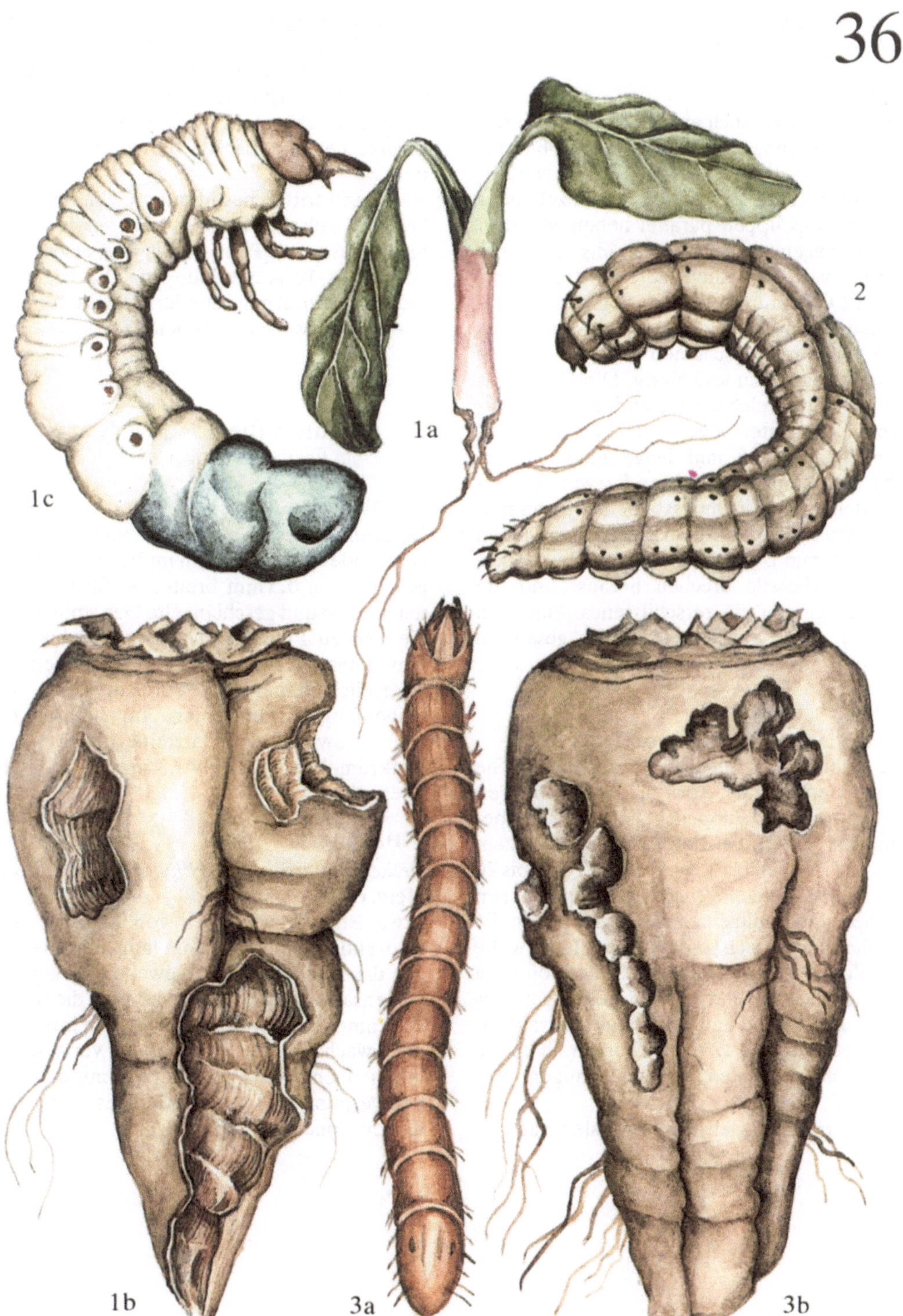

Rübenfliege
(*Pegomyia betae* Curt.)

SCHADBILD

An jungen, aber auch an älteren Blättern finden sich, beginnend im Mai mit der Roßkastanienblüte, blattunterseits weißliche, walzenförmige, etwa 0,8 mm lange Eier, einzeln oder in kleinen Gruppen parallel nebeneinander. Später zeigen sich, unregelmäßig über die Blätter verteilt, unter der Blattepidermis schmale Gangminen, die sich zu großen, unregelmäßig geformten Platzminen ausweiten (1 a). Die Minen erscheinen anfangs weißlich-grün, später braun und blasig. Die Epidermis läßt sich im Bereich der Platzminen leicht entfernen. Darunter leben weißlich-gelbe bis grünliche, etwa 8 mm lange Fliegenlarven (1 b). In einem Blatt können Larven der verschiedenen Entwicklungsstadien nebeneinander auftreten. Bei starkem Befall vertrocknen die Blätter im Bereich der Minen. Die trockenen Gewebeteile brechen heraus, und die Blätter nehmen ein zerschlissenes Aussehen an (1 c). Auch das Absterben des gesamten Blattes ist möglich.

SCHÄDLING

Rübenfliege (*Pegomyia betae* Curt.)
Die Rübenfliege ähnelt der Stubenfliege. Sie schlüpft etwa Ende April aus den im Boden überwinternden Puppen. Die Eiablage beginnt im Mai an die Blattunterseiten, einzeln oder in Gruppen (1 d), wobei zum Teil 6 bis 20 und mehr Eier in einer solchen Gruppe liegen können. Innerhalb einer Woche schlüpfen die Junglarven, die sich sofort in das Blattgewebe einbohren. Sie erreichen eine Länge von etwa 8 mm, sind walzenförmig, weißlich-gelb bis grünlich (1 b) und am Hinterende charakteristisch geformt mit 12 relativ kurzen, in einem Kranz angeordneten, warzenförmigen Anhängen.
Nach vorn sind sie leicht verschmälert mit 6 bis

8 Ausstülpungen. In den Minen fressen sie etwa 2 Wochen. Im Jahr treten drei Generationen auf. Die dritte erscheint Mitte August, ihre Larven verpuppen sich Mitte September im Boden (Puppe 1e). Die größten Schäden verursachen die Larven der ersten Generation.
Vereinzelt tritt in bestimmten Gebieten daneben auf: Bilsenkrautfliege (*Pegomyia* [*Pegomya*] *hyoscyami* [Panz.]). Die Larven besitzen vorn 9 bis 10 Ausstülpungen. Die Eier sind nicht walzenförmig, sondern etwas rundlich und dicker als die der Rübenfliege.

Nelkenminierfliege
(*Phytobia flavifrons* Meig.)

SCHADBILD

Gelegentlich treten auf den Rübenblättern zur Ober- oder Unterseite hin im Blattinneren angelegt, etwa 0,5 mm breite, weißlichgelb erscheinende und geschlängelte Gangminen auf, die sich zu Platzminen mit etwa 2 bis 3 cm Durchmesser erweitern (2). Diese Minen sind wesentlich kleiner als die durch die Larven der Rübenfliege verursachten. Im Inneren der Gänge sowie in der Platzmine befinden sich Kotkrümel und eine etwa 3 mm lange, gelbe Fliegenlarve.

SCHÄDLING

Nelkenminierfliege (*Phytobia flavifrons* Meig.)
Etwa Ende Mai werden von dem schwarzglänzenden und etwa 2 mm langen Minierfliegen die Eier in das Blattgewebe abgelegt. Im Gegensatz zur Rübenfliege können die sich im Blattinneren entwickelnden Larven ihre Mine nicht wechseln. Zur Verpuppung verlassen sie durch einen Schlitz in der Epidermis das Blatt und verpuppen sich im Boden. Es treten zwei Generationen im Jahr auf.

Gammaeule
(*Phytometra gamma* L.)

SCHADBILD

An den Blättern verursachen grüne, etwa 40 mm lang werdende, 12füßige Schmetterlingslarven zunächst Rand- oder Lochfraß. Bei starkem Auftreten werden die Blätter skelettiert und mitunter die gesamte Pflanze kahlgefressen (1 a, b).

SCHÄDLING

Gammaeule (*Phytometra* [*Autographa, Plusia*] *gamma* L.).
Der graubraune Falter, der eine Spannweite von etwa 35 bis 40 mm besitzt, ist durch je ein deutliches, weißes Gamma-Makel auf den Vorderflügeln gekennzeichnet (1 c). Die Überwinterung erfolgt im Larvenstadium, mitunter aber auch als Falter oder Puppe, bzw. die Falter fliegen etwa im Mai vom Süden her nach Mitteleuropa ein. Die grünlichen Eier, die weiße Längsstreifen aufweisen, werden an die Blätter abgelegt. Die Verpuppung erfolgt in einem feinen Gespinst an den Pflanzen. Der größte Teil der Falter wandert im Herbst in den Süden zurück.
Weitere an Beta-Rüben mitunter schädigende Schmetterlingslarven können ein ähnliches Schadbild wie die Gammaeule verursachen:
- Kohleule (*Barathra* [*Mamestra*] *brassicae* L.) (ohne Abbildung). Die etwa 40 mm lang werdende Larve variiert sehr stark in der Farbe. Während die Junglarven glasig-rötlich bis dunkelgraue Färbung aufweisen, sind die erwachsenen Larven grünlich bis graugrün gefärbt mit hellerem Seitenstreifen.
- Scharteneule (Moderholzeule) (*Xylina* [*Calocampa*] *exoleta* L.). Die Larve erreicht eine Länge bis zu etwa 4,5 cm und ist grünlichgelb gefärbt, mit rötlicher Seitenlinie und schwarzen, im Inneren weißen Makeln auf den Körperringen (2).
- Gemüseeule (*Polia* [*Mamestra*] *oleracea* L.), (ohne Abbildung). Die bis etwa 4 cm lang werdende Larve ist braun gefärbt, die Unterseite gelblich.
- Gelbe Bandeule (*Triphaena* [*Agrotis*] *fimbria* L.), (ohne Abbildung). Die heller braunen, etwa 4 cm lang werdenden Larven haben auf dem Rücken eine weiße Linie und weiße Schräglinien an den Seiten sowie auf jedem Segment einen kleinen, weißen Fleck.
- Hausmutter (*Triphaena* [*Agrotis*] *pronuba* L.), (ohne Abbildung). Larven 3,4 bis 4 cm lang, braun mit 4 dorsalen weißen Linien, an den Seiten eine dunkelbraune Linie.
- Kleefeldeule (*Scotogramma* [*Mamestra*] *trifolii* Rott.), (ohne Abbildung). Die etwa 4 cm lange Larve ist braun gefärbt. Sie besitzt eine hellere Unterseite sowie eine rötliche und eine weiße Seitenlinie, zwischen denen sich auf jedem Segment ein weißer Fleck befindet.
Gelegentlich können auch noch Larven weiterer Schmetterlings-Arten an den Rübenblättern fressen (zur Bestimmung Benutzung von Spezialliteratur).

Schattenwickler
(*Cnephasia*-Arten)

SCHADBILD

Im Frühjahr finden sich auf den Blattspreiten bzw. im Blattstiel Gang- und Platzminen, in denen sich Kotreste befinden sowie eine kleine, etwa 10 mm lange, graugrüne Schmetterlingslarve (3 a). Ebenso leben in zusammengesponnenen, eingerollten Blättern (3 b) zunächst kleine, graugrüne, später grüne bis blaßgrüne und etwa 13 mm lang werdende Larven. Sie können in der Färbung variieren.

SCHÄDLINGE

In zusammengesponnenen, eingerollten Blättern leben vor allem die Larven der Schattenwickler-Arten *Cnephasia wahlbomiana* L. und *Cnephasia interjectana* (Haw.). Die Falter der genannten Arten ähneln sich. Sie besitzen eine Spannweite von etwa 16 bis 23 mm und sind grau bis bräunlich gefärbt.
Die Gang- und Platzminen werden durch die Larven des Schattenwicklers *Cnephasia virgaureana* (Tr.) verursacht. Sie besitzen 3 Paar Brust-, 4 Paar Bauchfüße und ein Paar Nachschieber.

1c
2
3a
1a
3b
1b

38

Moosknopfkäfer
(*Atomaria linearis* Steph.)

SCHADBILD

Rübenbestände laufen lückenhaft auf, im Boden ausgefressene Samen bzw. befressene junge Keimlinge. An auflaufenden bzw. aufgelaufenen Keimpflanzen sind in der Nähe des Wurzelhalses Löcher in die Stengel gefressen (1 a), so daß diese umbrechen. An weiter entwickelten Pflanzen finden sich am Stengel kleine, rundliche, meist dunkel verfärbte Fraßstellen. Die Blätter weisen Schabe- oder Lochfraß sowie Kerbfraß auf. Ab Mitte Juni sind keine Schädigungen mehr zu erwarten.

SCHÄDLING

Moosknopfkäfer (*Atomaria linearis* Steph.) Im Boden in der Nähe der geschädigten Pflanzen, aber auch an diesen selbst kleine, etwa 1,0 bis 1,75 mm lange, schlanke, gelbbraune bis dunkelbraune Käfer, grau behaart (1 b). Eiablage ab Ende April in den Boden. Larven fressen an Haarwurzeln, Verpuppung im Boden, Jungkäfer im Herbst. Im August mitunter eine zweite Käfergeneration an Vermehrungsbeständen der Direktaussaat.

Rübenerdflöhe

SCHADBILD

Bei trockenem, warmem Wetter wird an Keimblättern der gerade aufgelaufenen Pflanzen bzw. den ersten Laubblättern feiner Rand-, Fenster- oder Lochfraß beobachtet (2 a, b). Mitunter wird der Vegetationspunkt vernichtet, sodaß die Keimpflanzen absterben und lückige Bestände entstehen. Vielfach nimmt das Schadbild von den Feldrändern her seinen Ausgang. An den geschädigten Pflanzen finden sich kleine, springende Käfer.

SCHÄDLINGE

– Südeuropäischer Rübenerdfloh (Rübenflohkäfer) (*Chaetocnema tibialis* [Ill.]) (2 c).
Der 1,5 bis 2,0 mm lange, springende Käfer ist bronzefarbig, kupferfarbig oder metallisch grün gefärbt (2 c). Seine Tarsen und Schienen sind gelbrot, die Schienen in der Mitte meist dunkel. Die Käfer erscheinen im April auf den

Feldern. Die Eiablage erfolgt in den Boden. Hier leben die Larven und fressen an den Wurzeln.
– Nordeuropäischer Rübenerdfloh (Knötericherdfloh) ·(*Chaetocnema concinna* [Marsh.]), (ohne Abbildung). Der bronzefarbene oder metallisch grüne bis braune Käfer ist 1,8 bis 2,4 mm lang und breit eiförmig. Der Halsschild ist zu den Deckflügeln hin leicht verschmälert. Seine Lebensweise entspricht der des Südeuropäischen Rübenerdflohes.
– *Psylliodes cupreata* (Duft.), (ohne Abbildung). Der lebhaft glänzende, dunkel kupferfarbige Käfer ist 2,2 bis 2,6 mm lang und länglich eiförmig. Die Flügeldecken weisen kräftige Punktstreifen auf.

Springschwänze (Collembolen)

SCHADBILD

Vor allem in feuchten Lagen, aber auch nach lang anhaltender Bodenfeuchtigkeit zur Zeit der Keimung der Rübenpflanzen und während des Auflaufens treten mehr oder weniger ausgebreitete Fehlstellen in den Beständen auf. Die Samenanlagen sind befressen, in den Samenknäueln finden sich bis zu mehreren 1 bis 2 mm lange, weißliche, gelbliche, graue, grünliche oder anders gefärbte, springende Insekten. Bei weiter entwickelten Pflanzen sind die Keimwurzeln benagt (3 a). Wurzel und Keimstengel weisen feine, mehrere Millimeter lange Fraßrinnen auf. Auch oberirdische Pflanzenteile, besonders Keimstengel und Keimblätter sowie die jungen Laubblätter weisen feinen Schabe- bzw. Lochfraß (3 b), mitunter auch Randfraß auf. Es werden zuweilen auch die jungen Herzblätter abgefressen (3 c). Gefährdet besonders Dünnsaaten.

SCHÄDLINGE

Springschwänze (Collembolen), verschiedene Arten, vor allem: *Sminthurus viridis* Lubbock (gelblich bis gelblichgrün, rundlich gedrungen (3 d)), ähnlich *Sminthurus aquaticus* Bourlet, und verschiedene *Onychiurus*-Arten (3 e): *Onychiurus fimatus* Gisin, *Onychiurus campatus* Gisin, *Onychiurus armatus* (Tullb.), *Podura aquatica* L. (schwärzlich, länglich), aber auch Vertreter der Gattungen *Bourletiella* und *Folsomia* (Bestimmung durch Spezialisten).

3b
3d
3c
3a
3e
2c
1a
1b
2a
2b

Rübenderbrüßler
(Gemeiner Derbrüßler)
(*Bothynoderes punctiventris* [Germ.],
Syn. *Cleonus punctiventris* Germ.)

SCHADBILD

Bereits im Keimpflanzenstadium, aber auch
später, werden die Blätter vom Rande her befressen. Die Fraßstellen sind zunächst kerben-
förmig (1a), später tritt auch Lochfraß (1b)
sowie völliger Kahlfraß ein. Die ersten Fraß-
herde werden zunächst an den Feldrändern
beobachtet. Später geht der Schadfraß auf den
gesamten Bestand über. Innerhalb weniger
Tage können unter günstigen Befallsbedin-
gungen große Feldbestände vernichtet werden. Bei Pflanzen, welche den Blattfraß über-
lebt haben, finden sich an den Wurzeln bzw.
am Rübenkörper unregelmäßige Fraßstellen
(1c), an denen sich weißlichgelbe, bis zu 13
mm lang werdende Larven mit brauner Kopf-
kapsel befinden (1d). Hierdurch können die
Pflanzen welken und absterben.

SCHÄDLING

Rübenderbrüßler (Gemeiner Derbrüßler)
(*Bothynoderes punctiventris* [Germ.]).
Der Körper des schwärzlichen, 10 bis 13 mm
langen Käfers ist mit hellgrauen bis gelbbraunen Schuppen bedeckt. Die grauen, fleckig
marmorierten Flügeldecken weisen auf dem
helleren Teil eine dunkle Querbinde auf
(1e). Auf der Unterseite des Körpers und an
den Beinen befinden sich schwarze Kahl-
punkte. Hinter der dunklen Querbinde auf
den Flügeldecken ist eine buckelartige Erhe-
bung erkennbar, auf der sich ein weißer,
schwarzgerandeter Fleck befindet. Der
Käfer wird leicht mit dem für Beta-Rüben
harmlosen Distelrüßler (*Cleonus piger*
Scop.) verwechselt, welcher etwas größer ist
und 2 bis 3 schwach angedeutete Schräg-
binden auf den Flügeldecken, jedoch keine
weißlichen Flecke besitzt.
Die im Boden überwinternden Käfer erscheinen ab Mitte März bei Temperaturen von 12
bis 14 Grad Celsius. Mitte Mai beginnt die
Eiablage in den Boden und erstreckt sich bis
in den Juli hinein. Nach etwa 6 bis 10 Tagen
schlüpfen die Junglarven, welche sich nach
einer Fraßzeit von etwa 40 bis 50 Tagen im
Boden verpuppen. Die Jungkäfer überwintern im Boden in einer Erdkammer.

Spitzsteißiger Rübenrüßler (Klettenrüßler, Esparsettenrüßler)
(*Tanymecus palliatus* [F.])

SCHADBILD

Die Blätter werden vom Rande her buchtenförmig befressen. Keimblätter können völlig abgefressen werden. Bei starkem Befall bleiben bei älteren Pflanzen nur noch die Blattrippen übrig.

SCHÄDLING

Spitzsteißiger Rübenrüßler (Klettenrüßler, Esparsettenrüßler) (*Tanymecus palliatus* [F.]).
Der Käfer ist etwa 8 bis 11 mm lang, schlank, schwarz und grau bis grauweißlich beschuppt (2). Er befrißt die Pflanzen im April bis Mai, legt seine Eier in den Boden, wo die Larven später unbedeutenden Fraß an den Wurzeln verursachen. Verpuppung im Boden.
In ähnlicher Weise wird schädlich:
Maisblattrüßler (*Tanymecus dilaticollis* Gyll.)

Luzernerüßler (Liebstöckelrüßler)
(*Otiorhynchus ligustici* [L.])

SCHADBILD

Entspricht dem des Spitzsteißigen Rübenrüßlers.

SCHÄDLING

Der metallisch glänzende, schwarze, braun beschuppte Käfer ist 10 bis 12 mm lang. Körper oval-eiförmig (3). Er ist flugunfähig und erscheint im April auf den Pflanzen. Die Eiablage erfolgt in den Boden. Die Larven befressen die Wurzeln und können bei starkem Befall hierdurch Schäden verursachen. Verpuppung im Boden im Juni bis Juli.

Schwarzer Rübenrüßler
(*Psalidium maxillosum* F.)

SCHADBILD

Entspricht dem des Spitzsteißigen Rübenrüßlers.

SCHÄDLING

Der schwarz glänzende, etwa 7 bis 9 mm lange Käfer ist kräftig punktiert (4). Befallen werden vor allem Jungpflanzen. Die Larven fressen an den Wurzeln.
Weitere an Beta-Rüben mitunter schädigende Rüsselkäfer-Arten können ein ähnliches Schadbild wie der Spitzsteißige Rübenrüßler verursachen.

Rundlicher Dickmaulrüßler
(*Mylacus rotundatus* [F.])
(ohne Abbildung)

Käfer schwarz, 2,1 bis 3 mm lang, rote bis braune Fühler, Schienen, Tarsen und Oberseite metallisch glänzend behaart.

Würfelrüßler
(*Liophloeus tessulatus* [Müll.])
(ohne Abbildung)

Käfer schwarz mit grauen, grünen, kupferroten oder braunen Schuppen, 7,5 bis 11 mm lang, Flügeldecken mit dunkleren und gefleckten Streifen, flugunfähig.

Gestreifter Blattrandkäfer
(*Sitona lineatus* [L.])
(ohne Abbildung)

Die grauen bis graubraunen, 3 bis 3,5 mm langen Käfer sind mehr oder weniger ausgeprägt gestreift.

Chlorophanus viridis (L.)
(ohne Abbildung)

Käfer grün oder graugrün, 8,5 bis 10 mm lang, Flügeldecken am Ende zugespitzt.
Mitunter treten auch noch andere Rüsselkäfer-Arten an Zucker- und Futterrüben auf (Bestimmung durch Spezialisten).

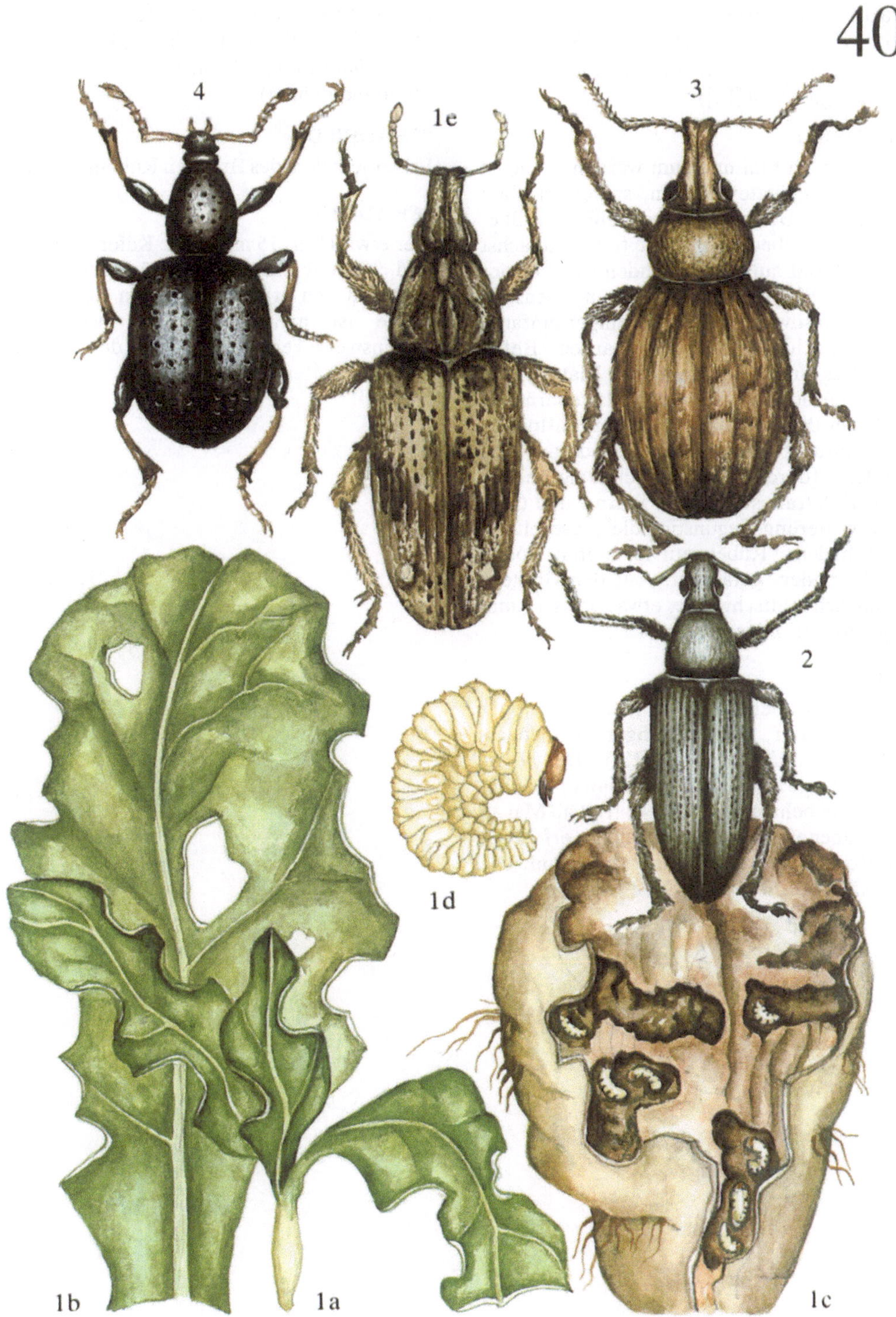

Brauner Rübenaaskäfer
(Buckelstreifiger Rübenaaskäfer, Glattstreifiger Rübenaaskäfer)
(*Blitophaga opaca* [L.])

SCHADBILD

Besonders im Mai und Juni werden zunächst an windgeschützten Stellen, später an allen Pflanzen im Bestand unregelmäßige Fraßbeschädigungen beobachtet. Sie treten zunächst am Blattrand auf. Später finden sich auf der gesamten Blattspreite Schabe- und Fensterfraßstellen sowie mehr oder weniger umfangreicher Lochfraß (1a). Bei starkem Befall kommt es zur Skelletierung der Blattspreite, wobei nur noch die stärksten Blattadern und Reste der Blattoberhaut sowie der Blattunterhaut zurückbleiben. Diese sind an den Rändern (durch Speichel) dunkelgrün gefärbt. Kahlfraß ist möglich. Warme und trockene Witterung begünstigt die Ausbreitung des Schadens. Rüben auf leichteren Böden sind besonders gefährdet. Auf den Blättern finden sich mattschwarze, etwa 11 bis 13 mm lange, asselförmige Larven (1b).

SCHÄDLING

Brauner Rübenaaskäfer (Buckelstreifiger Rübenaaskäfer, Glattstreifiger Rübenaaskäfer) (*Blitophaga opaca* [L.]). Der 9 bis 12 mm lange, schwarze bis dunkelbraune, goldbraun behaarte Käfer (1c) frißt ab Mai an den Rübenpflanzen. Die Eiablage erfolgt in den Boden. Larvenfraß im Mai bis Juni. Die Jungkäfer erscheinen ab Ende Juni.

Schwarzer Rübenaaskäfer
(Runzliger Rübenaaskäfer)
(*Blitophaga undata* [Müll.])
(ohne Abbildung)

SCHADBILD

Entspricht dem des Braunen Rübenaaskäfers.

SCHÄDLING

Der etwa 11 bis 15 mm lange Käfer ist schwarz und fast unbehaart. Die Flügeldecken sind zwischen den erhabenen Adern runzlig. Die Larve ist mattschwarz und asselförmig. Lebensweise entspricht dem des Braunen Rübenaaskäfers.

Flachstreifiger Aaskäfer
(*Silpha obscura* L.)
(ohne Abbildung)

SCHADBILD

Entspricht dem des Braunen Rübenaaskäfers.

SCHÄDLING

Der 13 bis 17 mm lange, schwarze, matte und unbehaarte Käfer entspricht in seiner Lebensweise der des Braunen Rübenaaskäfers. Die inneren Zwischenräume der Rippen auf den Flügeldecken sind doppelt so stark punktiert wie der äußere. Die Larven sind bräunlichgelb mit schwarzen Vorderrandflecken.

Nebliger Schildkäfer
(*Cassida nebulosa* L.)

SCHADBILD

Auf den Blattspreiten erscheinen etwa ab Juni feine Loch- und Fensterfraßstellen (2a). Sie nehmen an Umfang zu, und es kommt zu unterschiedlich ausgeweitetem Lochfraß. Bei starkem Befall werden die Blätter skelettiert. Vielfach geht der Befall von den Bestandesrändern (Zuwanderung) aus. Auf den befallenen Blättern finden sich bedornte, grüne bis gelbgrüne, 4 bis 9 mm lange Larven (2b).

SCHÄDLING

Nebliger Schildkäfer (*Cassida nebulosa* L.)
Der 6 bis 7,6 mm lange, braungelbe bis rostrote Käfer (2c) erscheint etwa Ende April und legt seine Eier in Paketen an die Blattunterseite von Meldepflanzen. Nach Vernichten dieser Standpflanzen durch die Larven wandern diese etwa im Juni auf benachbarte Rübenflächen über und fressen hier bis Ende Juni. Die Verpuppung erfolgt an der Blattunterseite, an der dann die grünen Puppen hängen. Die Jungkäfer erscheinen ab Ende Juli.

Gestreifter Schildkäfer
(Kleiner Glanzstreifiger
Schildkäfer)
(*Cassida nobilis* L.)
(ohne Abbildung)

SCHADBILD

Entspricht dem des Nebligen Schildkäfers.

SCHÄDLING

Der Käfer ist 4 bis 5,5 mm lang, kurzoval mit gelbbrauner Oberseite. Die Flügeldecken besitzen je eine Längsbinde mit Perlmutterglanz. Die Unterseite ist schwarz. Die Lebensweise entspricht der des Nebligen Schildkäfers.

Glanzstreifiger Schildkäfer
(*Cassida vittata* Villers)
(ohne Abbildung)

SCHADBILD

Entspricht dem des Nebligen Schildkäfers.

SCHÄDLING

Der Käfer ist 4,5 bis 5,5 mm lang und oval. Die Oberseite ist grün mit je einer breiten, grünsilberigen Längsbinde. Fühler und Beine sind gelb. Die Larven haben eine schwarze Schwanzgabel und schwarze Randdornen. Die Lebensweise entspricht der des Nebligen Schildkäfers.

2c
2a
2b
1a
1c
1b

Rübsenblattwespe (Kohlrübenblattwespe, Rübenblattwespe)
(*Athalia rosae* L., Syn. *Athalia colibri* Christ., *Athalia spinarum* F.)

SCHADBILD
Braunschwarze bis schwarze, etwa 10 bis 18 mm lange, 22füßige (1 a) Blattwespenlarven verursachen an den Blättern zunächst Rand- und Lochfraß (1 b). Bei starkem Befall werden die Blätter skelettiert oder kahlgefressen. Mitunter äußert sich der Fraß in länglichen Streifen an der Blattunterseite. Befallen werden auch die Triebe der Samenträger.

SCHÄDLING
Rübsenblattwespe (Kohlrübenblattwespe, Rübenblattwespe)
(*Athalia rosae* L., Syn. *Athalia colibri* Christ., *Athalia spinarum* F.).
Die 5 bis 9 mm langen Blattwespen besitzen einen gelben bis rot-gelben Hinterleib und glasklare Flügel. Die Flugzeit der ersten Generation liegt im Mai. Die 0,8 mm langen Eier werden an die Blattränder abgelegt. Larvenschlupf nach 4 bis 12 Tagen. Die Junglarven fressen zunächst an der Blattunterseite. Verpuppung nach 4 Wochen im Boden. Zweite Generation im Juli bis August. Überwinterung als Larve oder Puppe in Kokons im Boden.

Rübenmotte (Runkelrübenmotte)
(*Scrobipalpa* [*Phthorimaea*] *ocellatella* Boyd.)

SCHADBILD
Von Mai an finden sich Fraßbeschädigungen an den Herzblättern, die von einem Gespinst umgeben sind. Vor allem in den Blattstielen finden sich Fraßminen (2 a), der Rübenkopf ist von Fraßgängen durchzogen und das Herz der Rübe verfault, so daß neue Blätter nicht mehr gebildet werden. Durch verfaulende Blattreste und Kot entsteht am Rübenkopf eine moderige Masse. Zum Teil gehen Fraßgänge bis in den oberen Rübenkörper hinein.

SCHÄDLING
Rübenmotte (Runkelrübenmotte) (*Scrobipalpa* [*Phthorimaea*]*ocellatella* Boyd.)
Der Kleinschmetterling hat eine Flügelspannweite von etwa 13 bis 14 mm. Vorderflügel gelbbraun mit schwärzlicher Zeichnung. Hinterflügel grauweiß. Ab Mai werden die Eier meist einzeln an die Blätter abgelegt. Nach 5 bis 11 Tagen schlüpfen die graugelben bis grünlichen, etwa 10 bis 12 mm langen Larven. Sie besitzen 2 bis 3 rosa Streifen auf dem Rücken (2 b). Verpuppung im Bereich der Fraßstellen. Es werden bis zu 3 Generationen ausgebildet. Die Larven der letzten Generation verpuppen sich im Boden und überwintern.
In ähnlicher Weise schädigt:

Meldenmotte
(*Phthorimaea atriplicella* F. R.)
(ohne Abbildung)
Larven etwa 8 mm lang, grau bis braungrün.

Rübenbohrer (Kartoffelbohrer)
(*Hydroecia micacea* Esp.)

SCHADBILD

Rübenpflanzen oder Triebe von Samenträgern welken. In der Nähe der Bodenoberfläche sind äußerlich am Rübenkörper mit Fraßmehlpfropfen gefüllte, kleine Bohrlöcher zu erkennen. An den Rüben (3a) bzw. den Trieben von Samenträgerpflanzen fressen bis 50 mm lange, gelbliche bis rötliche Schmetterlingslarven. Sie haben auf dem Rücken eine rötliche Zeichnung (3b). Die Triebe werden ausgehöhlt und sterben ab. Darin befinden sich Fraßmehl und Kot.

SCHÄDLING

Rübenbohrer (Kartoffelbohrer) (*Hydroecia micacea* Esp.)
Der rötliche bis graubraune Falter legt seine Eier an die Pflanzen. Der Larvenfraß erfolgt in der Zeit von Mai bis Juli. Verpuppung im Boden. Es tritt nur eine Generation im Jahr auf.

Rübenzünsler (Wiesenzünsler)
(*Loxostege* [*Pyrausta*] *sticticalis* [L.])

SCHADBILD

An den Blättern entsteht ein unregelmäßiger Loch- oder Randfraß. Auch Kahlfraß ist möglich durch grünliche bis schwärzliche Schmetterlingslarven (4a, b), die bis etwa 20 mm lang werden und grüngelbe Rücken- und Seitenstreifen besitzen. Sie treten vor allem in warmen und trockenen Jahren schädigend auf.

SCHÄDLING

Rübenzünsler (Wiesenzünsler) (*Loxostege* [*Pyrausta*] *sticticalis* [L.]).
Der etwa 10 bis 12 mm lange Falter hat eine Flügelspannweite von 18 bis 26 mm und rotbraune Vorderflügel mit hellen und dunklen Makeln. Die Eiablage erfolgt im Frühjahr an die Blätter der Rübenpflanzen oder die Triebe von Samenträgern. Die nach 2 bis 3 Tagen schlüpfenden Larven verpuppen sich nach etwa 18tägiger Fraßzeit im Boden. Es können zwei bis drei Generationen auftreten. Überwinterung im Larven-, Puppen- oder Falterstadium.

42

Wanzen

SCHADBILD

Etwa ab Mitte Mai treten an den jungen Blättern zunächst weißliche Saugflecke auf. Die betroffenen Blätter verwelken und verfärben sich blaßgrün bis braun. Mitunter verkrümmen sich die Blätter und erscheinen blasig aufgeworfen. An den Blattrippen, den Blattstielen sowie an den Trieben von Samenträgern treten braune, später aufreißende Stichstellen auf. Vielfach zeigen ältere Blätter, oberhalb der Einstichstelle in die Blattrippen, Vergilbungen, vor allem an der Blattspitze (1a, b). Die betroffenen Gewebeteile verwelken schließlich und vertrocknen. Durch Stiche in Samenträger oder Blüten werden die Triebspitzen und die Blüten abgetötet (1c). Es entwickeln sich taube Knäuel.

SCHÄDLINGE

Verschiedene Wanzen-Arten, vor allem:

Grüne Futterwanze (*Exolygus* [*Lygus*] *pabulinus* L.) (ohne Abbildung)
Sie ist etwa 6 mm lang, grün bis braungrün gefärbt und lebt polyphag auf verschiedenen Pflanzenarten.

Gemeine Wiesenwanze (*Exolygus pratensis* L.) (ohne Abbildung)
Länge etwa 6 mm, blaß- oder gelblichgrün mit verwaschenen Makeln auf den Flügeldecken. Halsschild fein punktiert, Beine grün.

Trübe Feldwanze (*Exolygus rugulipennis* Reut.) (ohne Abbildung)
Sie ist etwa 4,7 bis 5,4 mm lang, grau bis grünlichbraun gefärbt und meist ohne deutliche Fleckung, dicht behaart. Auf dem Scutellum befinden sich 3 helle Flecke.

Kartoffelwanze (Zweipunktige Wiesenwanze) (*Calocoris norvegicus* Gmel.) (1d).
Sie sieht der Grünen Futterwanze ähnlich und variiert in ihrer Färbung bei dunkler grünem Grundfarbton. Auf dem Halsschild hat sie zwei schwarze Punkte.

Große Braune Randwanze (*Mesocerus* [*Syromastes*] *marginatus* L.) (ohne Abbildung)
Sie ist etwa 8 bis 12 mm lang, hellbraun gefärbt und unterscheidet sich von den bisher genann-

ten Arten durch ihre breite Körperform. Mitunter treten noch auf:

Beerenwanze (*Dolycoris baccarum* L.) und andere Arten (Bestimmung durch Spezialisten) (ohne Abbildung)
Ab Mai erscheinen die Tiere auf den Feldern. Larven, Nymphen und erwachsene Tiere lassen sich bei Störung zu Boden fallen oder suchen Schutz an den Blattunterseiten, so daß sie im Bestand oft übersehen werden. Eiablage im Juli bis August.

Zikaden

SCHADBILD

Etwa ab Mitte Juni zeigen sich auf den Blattspreiten, vor allem auf den Blattunterseiten, gelblichweiße bis bräunliche Saugstellen, ebenso an den Blütenständen der Samenträger sowie an den Blüten selbst. Bei starkem Befall nehmen die betroffenen Gewebeteile ein fahlgrünes Aussehen an. Es kann zu Blattdeformationen (Wellungen, Kräuselungen) (2a) kommen. Später verbräunen die betroffenen Gewebeteile und brechen aus. Im Bereich der Schadstellen springende Insekten.

SCHÄDLINGE

Verschiedene Zikaden-Arten, vor allem:

Hellgrüne Zwergzikade (*Empoasca flavescens* F.), (ohne Abbildung),
Europäische Kartoffelzikaden (*Empoasca decipiens* Paoli und *Empoasca pteridis* Dahlb.) (ohne Abbildung),
Gemeine Zwergzikade (*Macrosteles laevis* Rib. (2b) und *Macrosteles sexnotata* [Fall.]) (ohne Abbildung),
Zwergzikade (*Thamnotettix tenuis* [Germ.]) (ohne Abbildung),
Schaumzikade (*Philaenus spumarius* L.) (2c).

Bei Auftreten der letztgenannten Art kleine, schaumartige Gebilde an den Pflanzenteilen. Die Körperlänge der erwachsenen Zikaden schwankt zwischen 3 und 5 mm, ihre Körperfarbe variiert von Art zu Art zwischen hell gelbgrün, grün bis bräunlich.
(Bestimmung der Arten durch Spezialisten.)

43

Schwarze Bohnenlaus
(*Aphis fabae* Scop.)

SCHADBILD

An den Blattunterseiten, meist an den Herzblättern, aber auch an den Trieben, Triebspitzen sowie Blütenständen der Samenträger saugen schwarze Blattläuse, etwa ab Ende Mai, zunächst in kleinen, später großen und dichten Kolonien. Die Blätter bleiben im Wachstum zurück, werden wellig, deformiert und rollen sich zum Teil von den Rändern her ein (1a). Im Bereich der Blattlauskolonien tritt Honigtaubildung auf den Blattspreiten auf, darauf Ansiedelung von Rußtaupilzen. Die Triebspitzen der Samenträger verkümmern bei dichtem Blattlausbesatz (1b), der Samenansatz wird vermindert oder bleibt bei starkem Befall ganz aus.

SCHÄDLING

Schwarze Bohnenlaus (*Aphis fabae* Scop.).
Die wirtswechselnde, etwa 2,2 mm lange Blattlaus (1c) erscheint etwa Ende Mai bis Anfang Juni auf den Pflanzen. Im Verlauf der Vegetationszeit wechselt die Populationsdichte. Zur Zeit des sommerlichen Befallsfluges (je nach Witterungsbedingungen etwa ab Ende Juni bis Anfang Juli) werden vor allem Samenträger stark befallen. In bestimmten Jahren tritt zu dieser Zeit auch an Fabrikrüben, vor allem an den Herzblättern, ein außerordentlich starker Befall auf, so daß die Blätter fast auf der gesamten Spreite mit Blattlauskolonien überzogen sind. In der Regel bricht diese Massenvermehrung etwa ab Mitte August, bedingt durch verschiedene Faktoren, zusammen. Es werden auf den Pflanzen mehrere Larvenstadien ausgebildet, aus denen sich ungeflügelte Adulte (Jungfern) entwickeln, die wiederum parthenogenetisch Larven erzeugen. Vor Beginn des sommerlichen Befallsfluges zeigt das letzte Larvenstadium (Nymphe) bereits deutliche Flügelanlagen. Dieses Stadium entwickelt sich zur geflügelten Jungfer.
Neben ihrer Bedeutung als Direktschädling verdient die Schwarze Bohnenlaus Beachtung als Überträger wichtiger Rübenviren (Rübenmosaik-Virus, Mildes und Nekrotisches Rübenvergilbungs-Virus (Tafel 15, 16, 17)).
Auf Blättern mit starkem Befall durch die Schwarze Bohnenlaus treten etwa ab Mitte Juli räuberisch oder parasitisch lebende Insekten-Arten (Nutzinsekten) auf, welche die Blattläuse angreifen und zu einem gewissen Teil vernichten. Hierzu gehören vor allem:
Marienkäfer (*Coccinellidae*) (Imagines und Larven),
Schwebfliegenlarven (*Syrphidae*),
Florfliegenlarven (*Chrysopidae*) und andere.
Diese Nutzinsekten greifen auch die nachfolgend genannten Blattlaus-Arten an.

Grüne Pfirsichblattlaus
(*Myzus persicae* [Sulz.])

SCHADBILD

Ein Schadbild entsteht durch diese Blattlausart in der Regel nicht. Vielmehr ist sie der wichtigste Überträger (Vektor) der wirtschaftlich wichtigen Rübenviren (Rübenmosaik-Virus, Mildes und Nekrotisches Rübenvergilbungs-Virus) (Tafel 15, 16, 17).

SCHÄDLING

Die wirtswechselnde, etwa 2 mm lange, grünlichgelbe bis grüne Blattlaus erscheint etwa ab Mitte Mai auf den Rübenfeldern bzw. den Beständen der Beta-Rübenvermehrung. Die Tiere finden sich auf den Pflanzen meist einzeln bzw. in kleinen Kolonien. Entwicklung siehe *Aphis fabae* Scop.

Vor allem zur Zeit des sommerlichen Befallsfluges etwa ab Ende Juni können verschiedene Entwicklungsstadien (ungeflügelte Jungfern (2a), geflügelte Jungfern (2b), Nymphen (2c) sowie Larven) auf den Blättern gefunden werden.

Sonstige Blattlaus-Arten verursachen in der Regel kein eigentliches Schadbild und treten meist nur in geringer Zahl auf, besitzen aber eine gewisse Bedeutung als Überträger (Vektoren) wichtiger Rübenviren. Zu ihnen gehören:

Kreuzdornlaus
(*Aphis nasturtii* Kalt.)
(ohne Abbildung)

Die Ungeflugelten sind rundlich-oval, grüngelb bis leuchtend gelb. Siphonen hell mit dunkler Spitze. Kopf und Thorax der Geflügelten sind schwärzlich, das Abdomen grünlichgelb bis zitronengelb, oft mit braunen Seitenflecken.

Gefleckte Kartoffellaus
(*Aulacorthum solani* [Kalt.])
(ohne Abbildung)

Körperform der Ungeflügelten länglich-birnenförmig, gelbgrün bis grün. An der Basis der Siphonen je ein charakteristischer dunkelgrüner Fleck. Kopf und Thorax der Geflügelten hellbraun, Abdomen gelbgrün bis grün mit bräunlichen Seitenflecken und Querbändern.

Gestreifte Kartoffellaus
(*Macrosiphum euphorbiae* [Thom.])
(ohne Abbildung)

Ungeflügelte mit länglich-spindelförmigem, glänzend grünem Körper mit dunkleren grünen Längsstreifen auf der Mittellinie des Körpers. Siphonen sehr lang und schlank. Kopf und Thorax der Geflügelten sind gelbbraun, Abdomen grün mit dunklerem Längsstreifen. Siphonen sehr lang.
An den grünen Pflanzenteilen können auch noch andere Blattlausarten vorkommen. (Bestimmung durch Spezialisten.)

Kellerlaus
(*Rhopalosiphoninus latysiphon* [Davids.])
(ohne Abbildung)

An eingelagerten oder eingemieteten Futterrüben bzw. Rübenstecklingen. Etwa 2,1 bis 2,4 mm lang, blaßgrün bis olivgrün, schwarze, keulige Siphonen.

Zuckerrübenwurzellaus
(*Pemphigus fuscicornis* [Koch])
(ohne Abbildung)

Gelegentlich an Rüben auf steinigen Böden, Überwinterung an eingelagerten oder eingemieteten Rüben oder Stecklingen. Etwa 2,4 mm lang, blaßgrünlich, Kopf mit schwärzlichgrauem Fleck, Körper mit starker, fädiger Wachsausscheidung.

Weiße Bohnenwurzellaus
(*Smynthurodes betae* Westw.)
(ohne Abbildung)

Mit weißem Wachsstaub bepuderte, weißlich- bis bräunlichgelbe, etwa 1,9 bis 2,3 mm lange Wurzellaus.

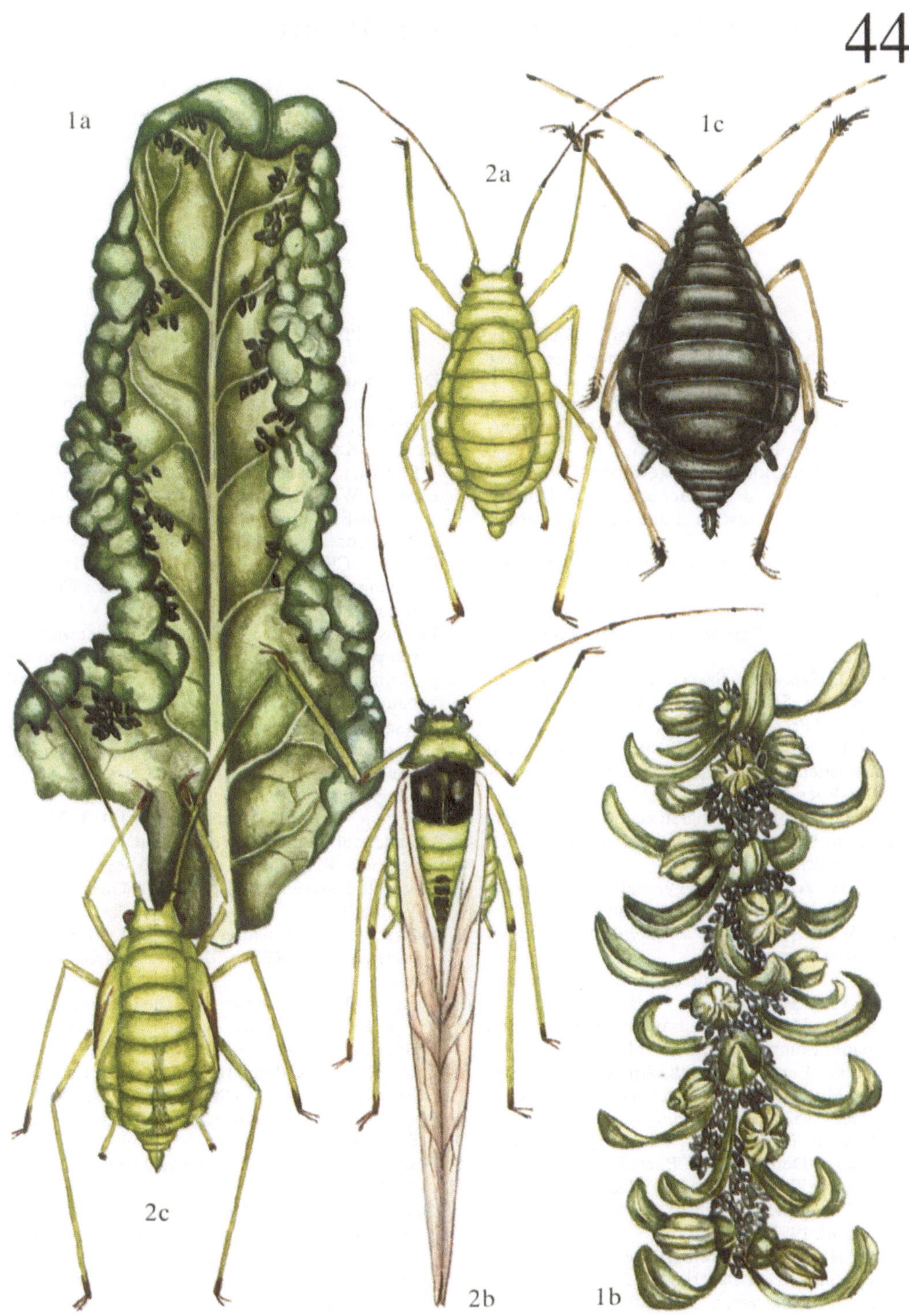

1a
2a
1c
2c
2b
1b

44

Benutzte und weiterführende Literatur

AINSWORTH, G. D.: Ainsworth & Bisby's Dictionary of the Fungi. 6. Ed. Kew, Surrey, England: Commonwealth Mycol. Inst. 1971

Anonym: C. M. J. Descriptions of Pathogenic Fungi and Bacteria Kew. Surrey, England: Commonwealth Mycol. Inst., No. 36–765, 1964-1983

Anonym: Produktion von Zuckerrüben. Handbücherei des Genossenschaftsbauern. Berlin: VEB Deutscher Landwirtschaftsverlag, 2. Aufl., 1970

ARX, J. A. von: Pilzkunde. Lehre: Verlag J. Cramer 1968

BARNETT, H. L.: Illustrated Genera of imperfect Fungi. 2. Ed. Minneapolis: Burgess Publishing Company 1960

BENADA, J.; ŠEDIVÝ, J.; ŠPAČEK, J.: Atlas der Krankheiten und Schädlinge der Getreidepflanzen. Berlin und Prag 1968

BERGER, H.; KREXNER, R.: Wichtige Schädlinge und Krankheiten der Rübe. Bundesanst. für Pflanzenschutz, Wien 1977

BERGMANN, W.: Ernährungsstörungen bei Kulturpflanzen. Entstehung und Diagnose. Jena: VEB Gustav Fischer Verlag 1983

BESSEY, E. A.: Morphology and Taxonomy of Fungi. Philadelphia: The Blakiston Co. 1950

BILAJ, W. I.: Fusarii (*Fusarium*-Arten). Kiew: Naukowa Dumka 1977

BLUMER, S.: Echte Mehltaupilze (*Erysiphaceae*). Jena: VEB Gustav Fischer Verlag 1967

BOOTH, C.: The Genus Fusarium. Kew, Surrey, England: Commonwealth Mycol. Inst. 1971

BÖRNER, C.: Europae centralis Aphides (Die Blattläuse Mitteleuropas). Mitt. Thür. Bot. Ges. Weimar (1952), Heft 4, Beiheft 3

BUCHANAN, R. E.; GIBBONS, N. E. (Hrsg.): Bergey's Manual of Determinative Bacteriology. 8. Aufl., Baltimore: The Williams and Wilkins Co. 1974

CHUPP, C.: A Monograph of Cercospora. Ithaka, New York 1953

DECKER, H.: Phytonematologie. Berlin: VEB Deutscher Landwirtschaftsverlag 1969

DICKMANN, L.; FRITZSCHE, R.: Käfer. In: FRITZSCHE, R.: Pflanzenschädlinge Bd. 3. Radebeul: Neumann-Verlag 1971

DOBROZRAKOVA, T. L.; LETOVA, M. F.; STELANOV, K. M.; CHOCHRJAKOV, M. K.: Opredelitel'boleznej rastenij. Moskva, Leningrad 1956

DOMSCH, K. H.; GAMS, W.: Pilze aus Argrarböden. Stuttgart: Gustav Fischer Verlag 1970

EICHLER, W.-D.: Rübenfeind Derbrüßler. Die Neue Brehm-Bücherei. Wittenberg-Lutherstadt: A. Ziemsen Verlag 1951

ELLIOTT, Charlotte: Manual of Bacterial Plant Pathogens. 2. Aufl., Waltham, Mass.: Chronica Botanica Compt. 1951

FLACHS, K.: Leitfaden zur Bestimmung der wichtigeren parasitären Pilze an landwirtschaftlichen und gärtnerischen Kulturgewächsen sowie im Obstbau. München: Verlag Luitpold Lang 1953

FRIESE, G.: Insekten. Taschenlexikon der Entomologie unter besonderer Berücksichtigung der Fauna Mitteleuropas. 2. Aufl. Leipzig: VEB Bibliographisches Institut 1970

FRITZSCHE, R.: Pflanzenschädlinge, Bd. 3, Milben. Radebeul: Neumann Verlag 1964

FRITZSCHE, R.; GEILER, H.; SEDLAG, U.: Angewandte Entomologie. Jena: VEB Gustav Fischer Verlag 1968

FRITZSCHE, R.; KLEINHEMPEL, H.: Die viröse Vergilbung der Beta-Rüben. Berlin, Akademie-Verlag 1987

GERLACH, W.; NIRENBERG, H.: The Genus Fusarium – a Pictoriae Atlas. Mitt. Biol. Bundesanst. Braunschweig (1982), Heft 209

GILMAN, J. C.; A Manual of Soil Fungi. 2. Ed. Ames. Iowa USA: The Iowa State Univ. Press. 1957

GODAN, D.: Schadschnecken. Stuttgart: Verlag Eugen Ulmer 1979

GORLENKO, M. W.: Bakterial'nye bolezni rastenij. 3. Aufl., Moskva 1966

GREIS, H.: Die Krankheiten und Beschädigungen der Zuckerrüben. Rabbethge und Giesecke AG, Kleinwanzleben 1942, 140 S.

HABIBI, B.: Beiträge zur Biologie von *Polymyxa betae*. Diss. Univ. Göttingen, 1969, 83 S.

HÄNI, A.: Rizomania – eine Krankheit der Zuckerrübe. Mitt. Schweiz. Landwirtsch. 31, 1983, S. 225–229

HEINZE, K.: Leitfaden der Schädlingsbekämpfung. Band III: Schädlinge und Krankheiten im Ackerbau. 4. Aufl., Stuttgart: Wissenschaftliche Verlagsgesellschaft mbH 1983

HEITEFUSS, R.; KÖNIG, K.; OBST, A.; RESCHKE, M.: Pflanzenkrankheiten und Schädlinge im Ackerbau. Frankfurt (Main): DLG-Verlag 1984

HOFFMANN, G. M.; SCHMUTTERER, H.: Parasitäre Krankheiten und Schädlinge an landwirtschaftlichen Kulturpflanzen. Stuttgart: Verlag Eugen Ulmer 1983

ISRAILSKI, W. P.: Bakterielle Pflanzenkrankheiten. Berlin: Deutscher Bauernverlag 1955

JOLY, P.: Le Genre Alternaria. Paris: Ed. Paul Lechevalier 1964

KARLING, J. S.: The Plasmodiophorales. New York und London 1968

KLAUSNITZER, B.: Hautflügler: In: FRITZSCHE, R.: Pflanzenschädlinge. Bd. 9. Leipzig, Radebeul: Neumann Verlag 1978

KLINKOWSKI, M.: Pflanzliche Virologie. Bd. 2., 3. Aufl., Berlin: Akademie-Verlag 1977

KLINKOWSKI, M.; MÜHLE, E.; REINMUTH, E.; BOCHOW, H.: Phytopathologie und Pflanzenschutz. BD. II., 2. Aufl., Berlin: Akademie-Verlag 1974

KOCH, M.: Wir bestimmen Schmetterlinge. Bd. I–IV., Radebeul, Berlin: Neumann Verlag 1954

KOCH, F.: Rizomania oder Wurzelbärtigkeit – eine neue Krankheit an Zuckerrüben. Gesunde Pflanze 7, 1976, S. 150–154

LINDAU, G.: Kryptogamenflora für Anfänger. Bd. 2, 1. Abteilung. Die Mikroskopischen Pilze. Berlin: Verlag Julius Springer 1922

LÜDECKE, H.; WINNER, C.: Farbatlas der Krankheiten und Schädigungen der Zuckerrüben. Frankfurt (Main): DLG-Verlag 1966, 87 S.

MÜHLE, E.: Kartei für Pflanzenschutz und Schädlingsbekämpfung. Lieferung 1–12. Leipzig: Verlag S. Hirzel 1953–1972

MÜHLE, E.; WETZEL, T.; FRAUENSTEIN, K.; FUCHS, E.: Praktikum zur Biologie und Diagnostik der Krankheitserreger und Schädlinge unserer Kulturpflanzen. Leipzig: Verlag S. Hirzel 1977

NEERGAARD, P.: Danish species of Alternaria and Stemphylium. London: Einar Munksgaard, Publ., Copenhagen Humphrey Millford, Oxford Univ. Press 1945

PIDOPLITSCHKO, N. M.: Gribi parasiti kulturnich rastenij, opredelitelj w trech tomach (Parasitische Pilze der Kulturpflanzen, Bestimmungsbuch in drei Bänden). Kiew: Naukowa Dumka 1977

PROESELER, G.; FRITZSCHE, R.: Viröse Vergilbung der Zuckerrüben. Fortschrittsberichte für die Landwirtschaft und Nahrungsgüterwirtschaft 18, 1980, Heft 8. Akademie der Landwirtschaftswissenschaften der DDR

ROTHMALER, W.: Exkursionsflora, Bd. 1. Niedere Pflanzen – Grundband. Berlin: Verlag: Volk und Wissen, Volkseigener Verlag 1983

SCHAAD, N. L. (Hrsg.): Laboratory Guide for Identification of plant pathogenic bacteria. St. Paul, Minn.: Am. Phytopathol. Soc. 1980

SCHÄUFELE, W. R.: Schädlinge und Krankheiten der Zuckerrübe. Gelsenkirchen-Buer: Verlag Th. Mann, 1982, 167 S.

SCHMIDT, G.: Die deutschen Namen wichtiger Arthropoden. Mitt. Biol. Bundesanst. f. Land- und Forstwirtschaft Berlin-Dahlem, Heft 137, 1970

SCHMIDT, M.: Landwirtschaftlicher Pflanzenschutz, 2. Aufl. Berlin: VEB Deutscher Landwirtschaftsverlag 1962

SEDLAG, U.: Ur-Insekten. Die neue Brehm-Bücherei. Leipzig: Akad. Verlagsges. Geest & Portig KG 1953

SEIDEL, D.; WETZEL, T.; BOCHOW, H.: Pflanzenschutz in der Pflanzenproduktion. Berlin: VEB Deutscher Landwirtschaftsverlag 1983

SEIFERT, G.: Die Tausendfüßer. Die Neue Brehm-Bücherei. Wittenberg-Lutherstadt: A. Ziemsen Verlag 1961

SPAAR, D.; KLEINHEMPEL, H.; FRITZSCHE, R.: Diagnose von Krankheiten und Beschädigungen an Kulturpflanzen. Band: Gemüse. Berlin: VEB Deutscher Landwirtschaftsverlag 1985, 406 S.

SPAAR, D.; KLEINHEMPEL, H.; FRITZSCHE, R.: Diagnose von Krankheiten und Beschädigungen an Kulturpflanzen. Band: Getreide, Mais und Futtergräser. Berlin: VEB Deutscher Landwirtschaftsverlag 1986

SPAAR, D.; KLEINHEMPEL, H.; FRITZSCHE, R.: Diagnose von Krankheiten und Beschädigungen an Kulturpflanzen. Band: Kartoffeln. Berlin: VEB Deutscher Landwirtschaftsverlag 1986

SPAAR, D.; KLEINHEMPEL, H.; MÜLLER, H.-J.; NAUMANN, K.: Bakteriosen der Kulturpflanzen. Berlin: Akademie-Verlag 1977

STAPP, C.: Pflanzenpathogene Bakterien. Berlin und Hamburg: Verlag Paul Parey 1958

WATERHOUSE, G. M.: The Genus Phytophthora. Kew, Surrey, England: Commonwealth Mycol. Inst. 1956

WETZEL, T.: Pflanzenschädlinge, Bekämpfung, Probleme, Lösungen. 2. Aufl., Leipzig, Jena, Berlin: Urania Verlag 1976

WETZEL, T.: Diagnosemethoden. In: SPAAR, D.; KLEINHEMPEL, H.; FRITZSCHE, R.: Diagnose von Krankheiten und Beschädigungen an Kulturpflanzen. Berlin: VEB Deutscher Landwirtschaftsverlag 1984

Abbildungsnachweis

Für die Anfertigung der Aquarelle bzw. die Darstellung diagnostisch wichtiger Merkmale wurden neben den Abbildungsvorlagen der Autoren zu Vergleichszwecken herangezogen:

Anonym: „Bayer" Pflanzenschutz-Compendium. Leverkusen: 1962

Anonym: C. M. J. Descriptions of Pathogenic Fungi and Bacteria. Kew, Surrey, England: Commonwealth Mycol. Inst., No.36–765, 1964–1983

APPEL, O.: Krankheiten der Zuckerrübe. Pareys Taschenatlanten Nr. 3. Berlin: Verlag Paul Parey 1926

ARX, J. A. von: Pilzkunde. Lehre: Verlag J. Cramer 1968

BARNETT, H. L.: Illustrated Genera of imperfect Fungi. 2. Ed. Minneapolis: Burgess Publishing Company 1960

BENADA, J.; ŠEDIVÝ, J.; ŠPAČEK, J.: Atlas der Krankheiten und Schädlinge an Ölpflanzen. Praha: Státní zemědělské nakladatelství 1963

BENADA, J.; ŠEDIVÝ, J.; ŠPAČEK, J.: Atlas der Krankheiten und Schädlinge der Getreidepflanzen. Berlin und Prag 1968

BENADA, J.; ŠPAČEK, J.: Atlas der Krankheiten und Schädlinge der Hülsenfrüchte. Berlin: VEB Deutscher Landwirtschaftsverlag

BERGER, H.; KREXNER, R.: Wichtige Schädlinge und Krankheiten der Rübe. Bundesanst. für Pflanzenschutz. Wien 1977

BERGMANN, W.: Ernährungsstörungen bei Kulturpflanzen. Entstehung und Diagnose. Jena: VEB Gustav Fischer Verlag 1983

BESSEY, E. A.: Morphology and Taxonomy of Fungi. Philadelphia: The Blakiston Co. 1950

BILAJ, W. I.: Fusarii (*Fusarium*-Arten). Kiew: Naukowa Dumka 1977

BLUMER, S.: Echte Mehltaupilze (*Erysiphaceae*). Jena: VEB Gustav Fischer Verlag 1967

BOOTH, C.: The Genus Fusarium. Kew, Surrey, England: Commonwealth Mycol. Inst. 1971

DECKER, H.: Phytonematologie. Berlin: VEB Deutscher Landwirtschaftsverlag 1969

GODAN, D.: Schadschnecken. Stuttgart: Verlag Eugen Ulmer 1979

GRAM, E.; BOVIEN, P.; STAPEL, C.: Farbtafel-Atlas der Krankheiten und Schädlinge an landwirtschaftlichen Kulturpflanzen. 2. Aufl., Berlin und Hamburg: Verlag Paul Parey 1971

GREIS, H.: Die Krankheiten und Beschädigungen der Zuckerrüben. Rabbethge und Giesecke AG, Kleinwanzleben 1942, 140 S.

HEITEFUSS, R.; KÖNIG, ·K.; OBST, A; RESCHKE, M.: Pflanzenkrankheiten und Schädlinge im Ackerbau. Frankfurt (Main): DLG-Verlag 1984

HOFFMANN, G. M.; SCHMUTTERER, H.: Parasitäre Krankheiten und Schädlinge an landwirtschaftlichen Kulturpflanzen. Stuttgart: Verlag Eugen Ulmer 1983

KLINKOWSKI, M.; MÜHLE, E.; REINMUTH, E.; BOCHOW, H.: Phytopathologie und Pflanzenschutz. Bd. II., 2. Aufl., Berlin: Akademie-Verlag 1974

LÜDECKE, H.; WINNER, C.: Farbatlas der Krankheiten und Schädigungen der Zuckerrüben. Frankfurt (Main): DLG-Verlag 1966, 87 S.

PIDOPLITSCHKO, N. M.: Gribi parasiti kulturnich rastenij, opredelitelj w trech tomach (Parasitische Pilze der Kulturpflanzen, Bestimmungsbuch in drei Bänden). Kiew: Naukowa Dumka 1977

SCHÄUFELE, W. R.: Schädlinge und Krankheiten der Zuckerrübe. Gelsenkirchen-Buer: Verlag Th. Mann 1982, 167 S.

SPAAR, D.; KLEINHEMPEL, H.; FRITZSCHE, R.: Diagnose von Krankheiten und Beschädigungen an Kulturpflanzen. Band: Gemüse. Berlin: VEB Deutscher Landwirtschaftsverlag 1985, 406 S.

SPAAR, D.; KLEINHEMPEL, H.; FRITZSCHE, R.: Diagnose von Krankheiten und Beschädigungen an Kulturpflanzen. Band: Getreide, Mais und Futtergräser. Berlin: VEB Deutscher Landwirtschaftsverlag 1986

SPAAR, D.; KLEINHEMPEL, H.; FRITZSCHE, R.: Diagnose von Krankheiten und Beschädigungen an Kulturpflanzen. Band: Kartoffeln. Berlin: VEB Deutscher Landwirtschaftsverlag 1986

Verzeichnis der deutschen Namen

Verzeichnis der wissenschaftlichen Namen